大震巨灾应急响应

——指挥机构与案例

赵兰迎　编

地震出版社

图书在版编目（CIP）数据

大震巨灾应急响应：指挥机构与案例/赵兰迎编.
—北京：地震出版社，2022.8
ISBN 978-7-5028-5478-2

Ⅰ.①大…　Ⅱ.①赵…　Ⅲ.①地震灾害—应急对策—案例　Ⅳ.①P315.9

中国版本图书馆 CIP 数据核字（2022）第 135234 号

地震版　**XM5183/P（6292）**

大震巨灾应急响应——指挥机构与案例

赵兰迎　编
责任编辑：王　伟
责任校对：凌　樱

出版发行：**地 震 出 版 社**

北京市海淀区民族大学南路 9 号　　　　　　邮编：100081
销售中心：68423031　68467991　　　　　传真：68467991
总 编 办：68462709　68423029
编辑二部（原专业部）：68721991
http://seismologicalpress.com
E-mail：68721991@sina.com

经销：全国各地新华书店
印刷：河北文盛印刷有限公司

版（印）次：2022 年 8 月第一版　2022 年 8 月第一次印刷
开本：787×1092　1/16
字数：307 千字
印张：12
书号：ISBN 978-7-5028-5478-2
定价：60.00 元

前　言

我国是自然灾害和事故灾难最为严重的国家之一，灾害种类多，地域分布广，发生频率高。据有关数据表明，近300年来全球死伤10万人以上的50起灾难中，有26起发生在我国。在逐步迈向现代化的过程中，我国在针对自然灾害、事故灾难等方面也采取了相应的措施，不仅各行各业组建了专业化的队伍，建立了指挥调度系统和跨部门的联动机制，还形成了专业的风险防控、应急响应、危机预警、应急处置及善后处理的一整套体系。但由于灾害应对属于条块分组，各自为政的态势，在不同部门协调、联动方面存在一些问题。

国民经济和社会发展"十四五"规划提出要不断健全防范化解重大风险体制机制，提升自然灾害防御水平；补齐防灾减灾领域短板；提升洪涝干旱、森林草原火灾、地质灾害、地震等自然灾害防御工程标准；完善国家应急管理体系，加强应急物资保障体系建设，发展巨灾保险，提高防灾、减灾、抗灾、救灾能力；健全政策协调和工作协同机制。

应急管理部整合了11个部门的13项应急管理相关职责，以及5个国家指挥协调机构职责，将国家的应急资源和力量进行优化，整合原有的安监、消防、地震、防汛抗旱、地质滑坡、森林防火、草原防火等救援力量，可以使我国应对突发事件的成效最大化、最优化，对构建统一指挥、权责一致、权威高效的国家应急体系具有非常重要的作用。国务院抗震救灾指挥部转设到应急管理部，职责、组成机构发生了变更，原有的指挥协调机制、管理方式、规章制度需要进行修改，以更好地适应"全灾种、大应急"要求。

本书面向新形势下大震巨灾应急处置需求，从应急响应、信息共享、综合协调、前后方指挥机构运作等方面展开研究。全书共分四章，各章主要内容简介如下：

第1章阐述应急领域中突发事件、应急指挥、应急响应的概念，地震灾害、应急响应阶段划分及主要措施。

第2章对国内外地震应急指挥协调机构进行比较分析。主要包括联合国地震救援国际协调的组织机构、震后救援现场协调机构及信息链路；美国、日本、俄罗斯三种不同类型的应急模式，其中美国主要介绍其国家突发事件管理系统和减灾规划框架中的响应框架，日本主要介绍其体系、机制及法律，俄罗斯主要介绍其体制、法律，预防响应体系及紧急情况部，并从指挥、信息方面对三个国家应急模式进行分析；此外还梳理了我国国务院抗震救灾指挥部自成立以来的组成架构变化情况。

第3章梳理分析地震应急响应案例。涵盖了三个不同量级人员死亡的特别重大地震——四川汶川地震、青海玉树地震、四川芦山地震；核事故次生灾害严重的特别重大地震——东日本大地震。通过案例中指挥体系建立、各级指挥部震后应急响应流程的梳理，提出了指挥协调、信息共享方面的不足。

第4章为对策建议。以国内外地震应急指挥协调机构运作模式以及国内外几次大震巨灾应急响应案例分析为基础，提出了国务院抗震救灾指挥机构在应急响应、指挥协调、信息共享、指挥机构运作方面的一些对策建议。

本书的部分内容为应急管理部地震和地质灾害救援司2021年度课题的研究成果，感谢应急管理部地震和地质灾害救援司的支持。

感谢防灾科技学院王慧彦教授、罗青山副教授在课题研究中的帮助，姜轲、宋奇峰、张国宏等同学参加了资料翻译、图片制作。

限于作者的水平，书中的疏漏及差错在所难免，恳请读者批评指正。

赵兰迎

2022 年 3 月 1 日

目　　录

第1章 绪 论

本章首先阐述应急相关概念，包括突发事件、应急指挥、应急响应；然后介绍突发事件、地震应急响应的阶段划分依据，地震应急响应的主要职责及措施；最后介绍本书的主要内容、章节结构。

1.1 应急的相关概念

应急是指当有突发事件发生时，为保护人民生命财产安全，减少人员伤亡和重大次生灾害的威胁，维护社会治安稳定，各级政府需要采取应对措施。应急的对象为突发事件，应急的范畴包括预防与应急准备、监测与预警、应急处置与救援、事后恢复与重建等相关概念。

1.1.1 突发事件

根据我国 2007 年 11 月 1 日起施行的《中华人民共和国突发事件应对法》的规定，突发事件是指突然发生，造成或者可能造成严重社会危害，需要采取应急处置措施予以应对的自然灾害、事故灾难、公共卫生事件和社会安全事件[1]。第十三届全国人大常委会第三十二次会议对《中华人民共和国突发事件应对管理法（草案）》（关于修订突发事件应对法的议案）进行了审议（以下简称《应对管理法》（草案）），对突发事件的定义没有改动[2]。

自然灾害是指由于自然异常变化造成的人员伤亡、财产损失、社会失稳、资源破坏等现象或一系列事件。自然灾害的形成一是要有自然异变作为诱因，二是要有受到损害的人、财产、资源作为承受灾害的客体。我国的自然灾害种类繁多，地震灾害作为灾害链最长的灾种，分布广、频次高、强度大、震源浅，具有灾情重、次生灾害多、成灾面积广的特点。

事故灾难是指直接由人的生产、生活活动引发的，违反人们意志的、迫使活动暂时或永久停止，并且造成大量的人员伤亡、经济损失或环境污染的意外事件。事故灾难主要包括道路交通事故、煤矿事故、水上事故、非煤矿山事故、公商贸企业事故、火灾事故、铁路交通事故、环境及生态事故等。

公共卫生事件是指已经发生或者可能发生的、对公众健康造成或者可能造成重大损失的事件，主要包括传染病疫情、群体性不明原因疾病、食品安全和职业危害、动物疫情，以及其他严重影响公众健康和生命安全的事件。

社会安全事件一般是重大刑事案件、重特大火灾事件、恐怖袭击事件、涉外突发事件、金融安全事件、规模较大的群体性事件、民族宗教突发群体事件、学校安全事件以及其他社会影响严重的突发性社会安全事件的统称。

《应对管理法》（草案）按照社会危害程度、影响范围等因素，自然灾害、事故灾难、公共卫生事件分为特别重大、重大、较大和一般四级，分级标准由国务院或者国务院确定的部门制定。

对于地震灾害等级，2012 年国务院发布的《国家地震应急预案》从人员伤亡数量和经济损失两方面进行了规定[3]，具体如表 1-1 所示。

表 1-1　地震灾害等级分级标准

等级	人员伤亡	经济损失
特别重大	300 人以上死亡（含失踪）	直接经济损失占地震发生地省（区、市）上年国内生产总值 1% 以上
重大	50 人以上、300 人以下死亡（含失踪）	严重经济损失
较大	10 人以上、50 人以下死亡（含失踪）	较重经济损失
一般	10 人以下死亡（含失踪）	一定经济损失

1.1.2　应急指挥

应急指挥泛指紧急情况下的指挥活动。自 2006 年我国成立应急管理体系以来，应急指挥主要指在突发事件应急处置活动中，上级领导及其机关，对所属下级的应急活动和应对突发事件进行的特殊的组织领导活动。国家标准《地震现场应急指挥管理信息系统》定义地震现场应急指挥是地震现场指挥机构组织、协调和调度应急资源（应急队伍和应急物资等）进行应急处置的行为[4]。

应急指挥是及时有效地应对突发事件的关键，也是迫切需要解决的问题。由于突发事件在发生时间、地域、事件类型、影响程度等方面的难以预测性，且可能导致通信拥塞或者基础设施损毁，现场信息传输的及时、准确性受到影响，造成应急处置人员对现场信息掌握不及时、不全面，而且以感性认识、经验判断、人为决策为主的应急指挥效率有待提高[5]。此外由于管理体制问题，存在多部门垂直指挥，难以实现横向的协同指挥。因此，高效的应急指挥仍然是需要不断探索、完善的过程。

应急指挥的要素主要有指挥者、指挥对象、指挥手段、指挥信息[6]。

指挥员和指挥机关统称指挥者，是指挥活动的主体要素，是战斗行动的筹划决策、组织计划和协调控制者，在指挥活动中居于主导和支配地位。指挥员应该具有系统的指挥和战术理论、有丰富的应急救援实践经验，掌握相关的工程技术知识、先进的科学决策手段，具有分析判断和科学决策能力。

指挥对象是应急救援指挥活动的客体，是指接受指挥员指挥的下级指挥员、指挥机关以及所属力量，地震灾害涉及的指挥对象如图 1-1 所示。下级指挥员具有主动性，可以对自己的部属实施指挥。指挥者与指挥对象之间是一个不断交流的过程，随着突发事件现场信息的传输，不断产生、交流相应的指挥信息。

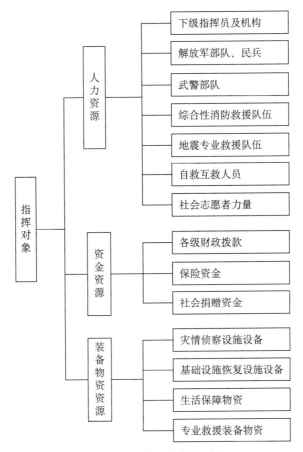

图 1－1 地震灾害指挥对象

指挥手段是对实施指挥时所采用的工具和方法的统称,是指挥活动赖以进行的物质基础和前提条件,是连接指挥者与指挥对象的桥梁和纽带。指挥手段的水平不仅影响、制约,甚至决定着灾情获取的质量和速度,也同样影响、制约,甚至决定着决策的质量和速度。在指挥需求牵引和科技进步推动的双重作用下,应急指挥手段的技术水平不断提高,种类逐渐增多,结构趋向一体,功能日益强大。按照不同的角度,指挥手段可以有不同的分类方法,如图 1－2 所示。

指挥信息是指保障指挥活动正常运作的各种信息,主要包括三个方面的内容:

(1) 情报信息,为指挥者应急决策提供依据。如:灾害属性情况、灾区环境情况、基础设施情况、交通道路情况、危险源情况和救援力量分布情况等。

(2) 应急救援指令,为各项应急资源(应急队伍和应急物资等)的调度提供依据,使各项应急资源能以较优化的方式、途径进行运转,实现指挥者意图。

(3) 反馈信息,反映各项应急资源的调度、运转情况,作为指挥者组织、协调应急处置行为的依据。

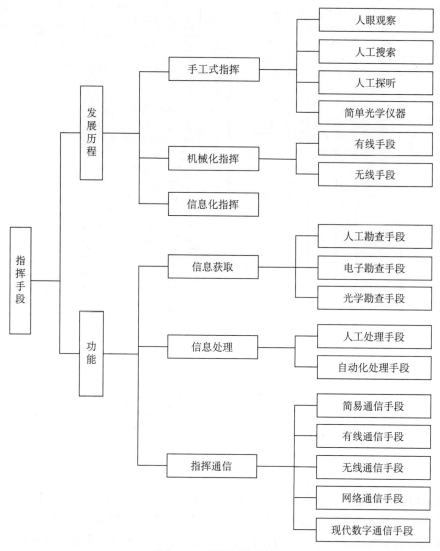

图 1-2　指挥手段分类

1.1.3　应急响应

应急响应，通常是指一个组织为了应对突发事件的发生所做的准备，以及在突发事件发生后采取的措施[7]。其目的是减少突发事件造成的损失，包括人民群众的生命财产损失、国家和企业的经济损失、社会不良影响等。

《应对管理法》（草案）规定国家建立健全突发事件应急响应制度。突发事件的应急响应级别，按照突发事件的性质、特点、危害程度和影响范围等因素分为一级、二级、三级和四级，一级为最高级别。特别重大和重大突发事件的应急响应级别划分标准由国务院制定；较大和一般突发事件的应急响应级别划分标准由国务院确定的部门制定。

地震属于突发事件中的自然灾害类型，与其他类型的自然灾害事件相比，地震灾害有其显著特点[8]，见表 1-2。

表 1 - 2　不同类型自然灾害特点

灾害种类	发生时间	持续时间	发生地点	影响范围	发生频率	能否预测	有无次生灾害
洪涝灾害	主要发生在雨季	几天至数周	江河湖海附近，多雨地区	较大	较低，相对固定	能	有
森林火灾	主要发生在相对干燥的季节	几天至数月	森林	较大	较低，不固定	不能	无
地质灾害	主要发生在雨季	几分钟至数天	山体、丘陵附近	较小	较低，不固定	能	有
气象灾害	依照具体类型有差别	几分钟至数周	不确定	较大	较高	能	有
海洋灾害	主要发生在雨季	几分钟至数周	沿海区域	较大	较高	能	有
地震灾害	不确定	几分钟至数月	不确定	较大	较低，不固定	不能	有

从表 1 - 2 中可以看出，地震灾害事件有如下特点：

（1）发生时间、地点不确定。一年内任何一天在任何地点都有可能发生地震，且地震的大小未知。

（2）地震预报、预测在现行技术下难以实现。国家地震预警工程可以在震后快速获知地震三要素，在部分地区实现秒级预警，大部分地区实现分钟级预警，但无法提前得知地震发生的时刻和地点。

（3）影响范围很大。如四川汶川地震为 8.0 级，灾区面积超过 $50 \times 10^4 km^2$；青海玉树地震为 7.1 级，灾区面积超过 $2 \times 10^4 km^2$；四川芦山地震为 7.0 级，灾区面积近 $2 \times 10^4 km^2$。特别重大地震可影响多个省，需要开展救援的地点可能达到上万个，且多为散点分布，应急指挥和救援的压力远远超过其他类型的自然灾害。

（4）持续时间长。地震持续的时间一般为几秒至数分钟，但破坏严重，上述 3 次特别重大地震的恢复重建阶段都持续数年之久，需要耗费大量资源，举全国之力集中完成。

（5）发生频率较低。根据中国地震台网中心的数据统计，2005~2021 年，我国共计发生过 45 次 6.0 级以上地震，平均每年 2~3 次[9]；对于 7.0 级以上地震，则从 2017 年 8 月 8 日四川九寨沟 7.0 级地震，至 2021 年 5 月 22 日青海玛多 7.4 级地震，中间 1383 天我国未发生 7.0 级以上地震。表明地震发生频率较低，且随机性非常大。

对于地震灾害应急响应等级，2012 年《国家地震应急预案》按照地震灾害分级将国家层面地震灾害应急响应分为一级、二级、三级和四级，如表 1-3 所示。

表 1-3　地震灾害应急响应分级

地震灾害等级	响应级别	属地响应层级	国家响应层级
特别重大	一级	省级抗震救灾指挥部领导灾区地震应急工作	国务院抗震救灾指挥机构负责统一领导、指挥和协调全国抗震救灾工作
重大	二级	灾区所在省级抗震救灾指挥部领导灾区地震应急工作	国务院抗震救灾指挥部根据情况，组织协调有关部门和单位开展国家地震应急工作
较大	三级	在灾区所在省级抗震救灾指挥部的支持下，由灾区所在市级抗震救灾指挥部领导灾区地震应急工作	中国地震局等国家有关部门和单位根据灾区需求，协助做好抗震救灾工作
一般	四级	在灾区所在省、市级抗震救灾指挥部的支持下，由灾区所在县级抗震救灾指挥部领导灾区地震应急工作	中国地震局等国家有关部门和单位根据灾区需求，协助做好抗震救灾工作

1.2　地震应急响应流程

《应对管理法》（草案）中，将突发事件应对按时间划分为预防与应急准备、监测与预警、应急处置与救援、事后恢复与重建等阶段，这些阶段都属于应急响应的范畴，如去除广义应急响应包含的应急准备、监测预警，以及持续时间长的恢复与重建阶段，狭义的应急响应可视为突发事件发生后的应急处置与救援。《应对管理法》（草案）中对自然灾害的应急响应，应根据需要采取的应急处置措施可概括为以下方面：人员搜救转移；危险源控制；公共设施抢修；禁用有关设备设施、防止人员聚集；应急装备物资调拨；组织实施应急抢险救援；保障生活必需品，打击扰乱市场、社会治安行为；开展环境监测；防止次生灾害。

对于地震应急响应，《国家地震应急预案》在第 5 章应急响应中规定，各有关地方和部门根据灾情和抗震救灾需要，采取以下措施直至应急响应结束：搜救人员；开展医疗救治和卫生防疫；安置受灾群众；抢修基础设施；加强现场监测；防范次生灾害；维护社会治安；开展社会动员；加强涉国（境）外事务管理；发布信息；开展灾害调查与评估。

我国在地震应对过程中一般划分为应急准备、应急启动、紧急救援、过渡安置、恢复重建五个阶段，震后应急响应一般包括应急启动、紧急救援、过渡安置、恢复重建四个阶段，对于不同级别的地震灾害，震后应急响应的每个阶段持续的时间长短不一。

如将应急启动阶段定义为地震发生至外部专业救援力量抵达灾区开展救援行动的时间阶段[10]，为震后 4~8 小时，主要取决于外部专业救援力量抵达灾区的时间。外部专业救援力量抵达灾区后，即转入紧急救援阶段，主要工作是人员的搜救和医疗救护，一般认为紧急救援阶段为震后10天，但在紧急救援阶段后，仍可派遣部分力量持续进行搜救工作。过渡安置一般从地震后就开始展开，是保障紧急救援阶段向恢复重建阶段平稳过渡的重要环节，也是恢复重建的基础性工作；对于大震巨灾，过渡安置期会长达数月，可视为3~6个月。任务是保证灾区人民的基本生活需要，即"有饭吃、有水喝、有衣穿、有临时住所、有学上和有病能及时得到医治"。恢复重建需要大量的资源，特别重大地震灾害往往需要进行区域、全国力量的调度、支援，恢复重建阶段可视为2~3年，以恢复、改善灾区人民的正常生活。震后应急响应各阶段的时间、职责、采取的主要措施如表1-4所示。

表 1 - 4 应急响应阶段划分

项目	应急启动	紧急救援	过渡安置	恢复重建
时间	震后4~8小时	启动阶段结束至震后7~15天	震后开始，持续数天、数月或更长	震后数天或数月开始，持续数年
职责	大范围评估，初步决策	人员搜救、医疗救护	保证灾区人民的基本生活需要	恢复、改善灾区人民的正常生活
主要措施	开展灾害调查与评估；发布信息；搜救人员；安置受灾群众	搜救人员；开展医疗救治和卫生防疫；发布信息；做好新闻宣传与舆情应对；抢修基础设施；安置受灾群众；加强现场监测；防范次生灾害；维护社会治安；开展灾害调查与评估；开展社会动员；加强涉国（境）外事务管理	安置受灾群众；开展医疗救治和卫生防疫；维护社会治安；发布信息；做好新闻宣传与舆情应对；防范次生灾害；搜救人员；开展社会动员；加强涉国（境）外事务管理	安置受灾群众；开展医疗救治和卫生防疫；维护社会治安；发布信息；做好新闻宣传与舆情应对；防范次生灾害

1.3 本书主要内容及结构

本书密切结合新时期地震应急响应实际，以应急准备、震后初期指挥协调、信息共享为主要研究对象，分析国内外应急指挥协调机构情况，梳理不同特点地震应急响应案例，提出新时期地震应急响应、指挥协调、信息共享方面存在的一些问题及对策建议。全书结构如图1-3所示。

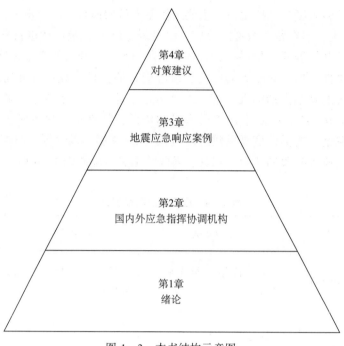

图 1-3　本书结构示意图

第 1 章绪论。重点阐述应急领域中突发事件、应急指挥、应急响应的概念，地震灾害、应急响应阶段划分及主要措施。

第 2 章国内外应急指挥协调机构。主要介绍联合国地震救援国际协调的组织机构、震后救援现场协调机构及信息链路；美国、日本、俄罗斯三种不同类型的应急模式，其中美国主要介绍其国家突发事件管理系统和减灾规划框架中的响应框架，日本主要介绍其体系、机制及法律，俄罗斯主要介绍其体制、法律，预防响应体系及紧急情况部，并从指挥、信息方面对三个国家应急模式进行分析；此外还梳理了我国国务院抗震救灾指挥部自成立以来的组成架构变化情况。

第 3 章地震应急响应案例。以四川汶川地震、青海玉树地震、四川芦山地震为样本，梳理了造成不同量级人员死亡的特别重大地震发生后应急指挥体系的构成，从国家及国务院、省、市、县四个级别整理了各自级别抗震救灾指挥部的成立、内设机构及初期的应急响应流程；最后以东日本大地震为样本梳理了次生灾害严重情景下，日本政府的应急响应情况。通过案例梳理，主要从指挥部设立、指挥协调、信息共享方面提出了一些不足。

第 4 章对策建议。以国内外地震应急指挥协调机构运作模式以及国内外几次大震巨灾应急响应案例分析为基础，提出了国务院抗震救灾指挥机构在应急响应、指挥协调、信息共享、指挥机构运作方面存在的一些问题，并提出了一些对策建议。

第 2 章　国内外应急指挥协调机构

本章主要研究联合国 INSARAG、美国、日本、俄罗斯的应急指挥协调机构、灾后响应协调机制，以及我国地震应急指挥机构的发展。通过对国外应急指挥机构、机制的分析，对比联合国、美国、日本、俄罗斯应急指挥机构、机制的不同，总结其运行模式，分析与我国抗震救灾指挥机构的差别。

2.1　联合国 INSARAG 地震救援国际协调

INSARAG 成立于 1991 年，由参与了 1985 年墨西哥地震和 1988 年亚美尼亚地震联合行动的专业国际 USAR 队伍联合发起。INSARAG 是一个由灾害管理人员、政府官员、非政府组织和 USAR 队员组成的政府间人道主义援助机构，在联合国框架下运作。

2.1.1　组织机构

INSARAG 由一个指导委员会、三个区域组、一个秘书处，以及 USAR 队长和工作组共同组成[11,12]，如图 2 - 1 所示。INSARAG 决策制定分为政策、行动/技术两方面，两方面决策的建议、批准、实施相关方如图 2 - 2 所示。

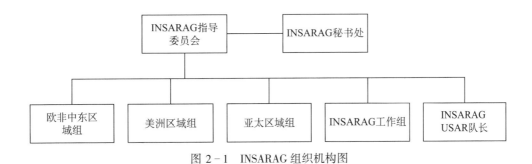

图 2 - 1　INSARAG 组织机构图

2.1.2　震后现场协调机构

INSARAG 震后协调相关机构包含多个参与方，并通过不同技术、手段在不同层次完成多个参与方之间的协调，其主要涉及的机构如图 2 - 3 所示。

在图 2 - 3 中，可概况为"一个技术系统、两个国家、两支队伍、两个机构、四个中心"，即 GDACS 系统，受灾国与援助国，UNDAC（United Nations Disaster Assessment and Co-

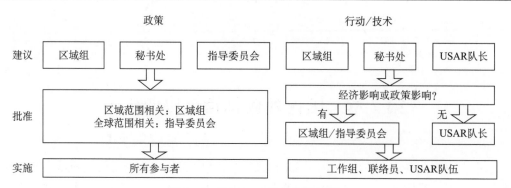

图 2-2　INSARAG 决策制定过程

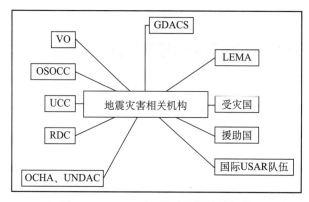

图 2-3　INSARAG 震后协调涉及机构

ordination teams) 与国际 USAR 队伍，OCHA (the United Nations Office for the Coordination of Humanitarian Affairs) 与 LEMA (Local Emergency Management Authority)，OSOCC、RDC、UCC 与 VO (Virtual OSOCC)。

震后在上述机构进行的国际 USAR 行动，涉及的协调可分为多种方式，如图 2-4 所示。其中：网络协调，主要涉及受灾国灾区政府、GDACS、VO 参与方；在到达的机场协调，主要指国际 USAR 队伍建立的 RDC；在工作现场协调，主要指国际 USAR 队伍建立的 OSOCC、UCC、SCC。

受灾国震后如需要国际援助，借助 GDACS 系统或其他渠道发布求援信息；OCHA 作为 INSARAG 的秘书处设置地，负责协调国际援助，其内部的现场协调支持部 FCSS (Field Coordination Support Section) 可调配 UNDAC 队伍前往受灾国；当援助国派遣的国际 USAR 队伍抵达受灾国后，与当地政府 LEMA 进行沟通，并建立 RDC、OSOCC，将受灾国震害信息传输至 GDACS 系统下设 VO，实现信息在全球范围内的共享以便进行灾害响应协调；UCC 作为 OSOCC 的组成部分，帮助协调、部署多支国际 USAR 队伍，确定救援工作的最佳展开地点。

2.1.2.1　GDACS

GDACS[13]是联合国下的合作框架，目的是支持决策和协调，在各方之间促进实时预警和

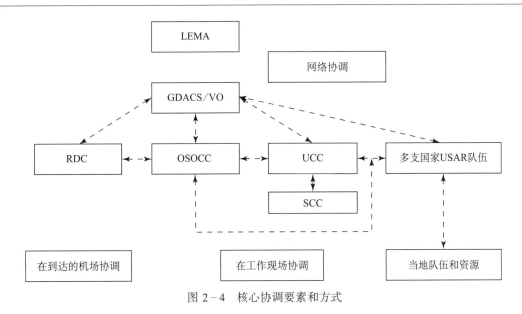

图 2 - 4 核心协调要素和方式

信息交换，填补重大灾害发生后第一时间内的信息和协调空白，涵盖全世界范围内的灾害管理者和信息系统，可实时接入基于网络的灾害信息系统，并提供灾害警报、VO、地图和卫星图像协调工具。

1. GDACS 灾害警报

GDACS 通过在线多灾种灾害影响评估服务，在重大灾害发生后将自动向用户发送电子邮件和短信警报。欧盟委员会联合研究中心负责管理 GDACS 发送的警报和危险评估信息，很多国家的政府和灾害管理部门根据 GDACS 发布的警报和自动灾害评估信息来规划其国际救援。

2. 虚拟 OSOCC

VO 是灾难第一阶段所有行为者之间实时信息交流与合作的有限在线平台。来自受影响国家和国际响应人员的信息更新由一个专门的小组主持。虚拟 OSOCC 拥有约 19000 名注册用户，由联合国人道主义事务协调厅（人道协调厅）管理。

3. 地图和卫星图像

来自各种提供商的地图和卫星图像，通过 GDACS 卫星制图和协调系统 SMCS（Satellite Map and Coordination System）的虚拟 OSOCC 实现共享。它提供了一个沟通和协调平台，可以在紧急情况下监控和告知利益相关者其已完成的、当前和未来的映射活动。这项服务由联合国卫星应用中心 UNOSAT（UNITED NATIONS Satellite Center）提供。

2.1.2.2 OSOCC

OSOCC 负责协调国际响应队伍，和 LEMA 紧密合作，促进与国际人道主义援助力量之间的合作与协调；同时也帮助协调组织内部事务，如健康、水、卫生及住所等。其目标是：在震后受灾区缺乏协调机制的情况下，快速提出协调方法，促使国际 USAR 与受灾国政府之间开展现场合作、协调及信息管理等；并为即将抵达的国际 USAR 队伍建立服务枢纽，开展多支国际响应队伍的协调，以优化救援工作[14]。

OSOCC 支持受影响政府协调国际响应组织的工作。在受影响国家内，LEMA 负责应对行动的总体指挥、协调和管理，因此 OSOCC 在整个行动中与 LEMA 保持着紧密的联系。

1. OSOCC 结构

临时 OSOCC 应该做好连续 7 天×24 小时运行的准备。OSOCC 包括以下职能部门：管理、情况、支持、行动，各部门还可进行细分；在行动部分还可根据需要建立次级 OSOCC 和 RDC，如图 2 - 5 所示。应对特定突发事件时，OSOCC 的组织结构可根据实际情况的需要进行调整。

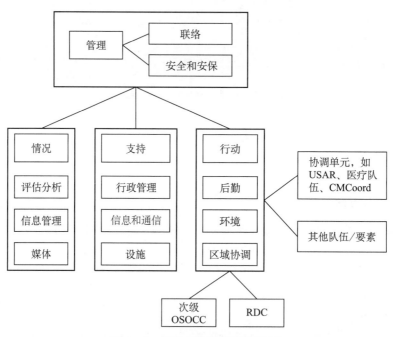

图 2 - 5　临时 OSOCC 职能结构图

2. OSOCC 周期

OSOCC 一般分为如图 2 - 6 所示的四个阶段，各阶段具有不同的任务。

1) 第 0 阶段：准备阶段

OSOCC 响应开始于紧急情况发生之前。该阶段包括 OSOCC 方法的培训、练习和持续开发；以及由响应者开展的所有准备和总体准备活动。

2) 第 1 阶段：建立阶段

第 1 阶段从紧急情况发生后开始。OSOCC 在第 1 阶段的主要活动是与 LEMA 或其他国家官员密切合作，支持和协调即将到来的国际救援队的救援活动。根据严重程度发出警报，提供基本态势信息和自动影响评估。在数小时甚至数分钟内，通过 VO 提供最新情况并随时间及时发布最新情况。

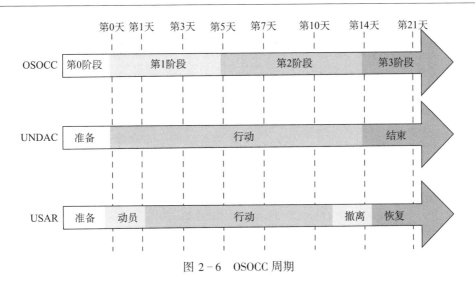

图 2-6　OSOCC 周期

第一支抵达受灾区的经过 OSOCC 培训的国际 USAR 队伍、紧急医疗救援队伍和/或 UN-DAC 成员，应尽快建立初步的 OSOCC 服务，实现图 2-5 中基本的行动职能，主要包括救援队伍协调、医疗队伍协调、后勤协调、军民力量协调、环境协调、区域协调单元。

3）第 2 阶段：运行阶段

在第 2 阶段，OSOCC 将尽快配备全部人员。首先加强行动职能中协调救济小组职能，增加具有协调和规划专门知识的行动专家。其他职能在开始时可能由其他人员兼任，根据灾害规模、需要部署专家人员，并视情建立次级 OSOCC。管理、情况、支持、行动各职能部门的工作人员为各自部门建立运营和协调职能。当国际 USAR 或其他救援力量离开，或在其行动中已建立良好基础时，一般认为第 2 阶段已完成。

此阶段，OSOCC 及其组成部分以固定的时间间隔开展活动，如发送每日情况报告、国际救援队简报、确定和分发每日行动重点/工作地点。

4）第 3 阶段：结束阶段

第 3 阶段中，OSOCC 可能继续运行，也可能不继续运行。在某些情况下，如果紧急情况的范围和持续时间更为有限，则在第 2 阶段之后，可能根本不需要 OSOCC，其职能被吸收到现有结构中。

3. OSOCC 岗位

如图 2-5 所示，OSOCC 设置管理、情况、支持、行动四个职能部门，其中管理部门含有联络、安全和安保小组；情况部门含有评估分析、信息管理、媒体小组；支持部门含有行政管理、信息和通信、设施小组；行动部门含有后勤、环境、区域协调以及其他协调单元如救援队伍协调单元、医疗队伍协调单元、军民力量协调单元等。

1）联络

联络是所有 OSOCC 职能部门和人员的跨领域责任，支持有效和协作的灾害应对方法。联络小组在 OSOCC 和其他需要专门联络资源的参与者之间建立并维护正式的信息交流程序，而其他职能部门则不提供这种资源。联络小组致力于与 LEMA、受影响国家政府和/或响应组织建立和维持关系。联络官应具有通过相互理解和建立共识与各种不同组织建立关系的强大能力，能够有效沟通并发现加强响应组织之间协作和协调的机会。

2）安全和安保

安全和安保小组的主要职责包括制定、实施和监测应对措施的安保和医疗计划，包括与 OSOCC 相关的所有人员。安保计划应根据联合国安保风险管理模式制定，所有安全决策、安全规划和安全风险管理措施的实施必须基于安全风险评估 SRA（Security Risk Assessment）。SRA 中的安全措施适用于所有联合国实体，通过向相关机构提供安全简报、定期更新OSOCC功能实现安全措施的应用。

3）评估和分析

评估和分析小组收集、综合和分析灾害中的主要挑战和影响、根本原因、受影响人口和/或弱势群体的规模。通过了解当前和优先领域的需求支持 OSOCC 管理层制定人道主义局势的运行图，为多部门战略决策提供信息。

4）信息管理

信息管理小组收集与灾难相关的信息，组织和分析信息并开发各种产品，然后直接分发给组织；监督 OSOCC、子 OSOCC、VO、RDC 之间以及外部的信息流，为灾害响应决策提供信息。初期，信息管理小组通常由 UNDAC 成员等伙伴组织的代表组成，主要任务是发布情况报告，告知紧急情况和响应级别的规模。

5）媒体

媒体小组协调所有外部媒体关系，监控媒体并为媒体和公众准备信息产品。为 OSOCC 制定媒体计划，说明主要发言人以及其他团队成员在媒体关系方面的作用。在第 1 阶段媒体小组处于管理职能之下，后续由 PIO 建设媒体单元，并与 OSOCC 职能部门密切合作。

6）行政管理

行政管理小组负责内部程序和过程，以支持 OSOCC 的日常运行。包括保存财务记录、采购承包、接待、编制人员名册、安排翻译、整理档案和资源，以及其他职责。

7）信息和通信

信息和通信技术小组为 OSOCC 制定信息和通信技术计划，确保其能够有效地开展活动，各个组成部分能通过数据、语音通信相互联系、响应。

8）设施

支持职能部门的管理单元确保 OSOCC 及其组成部分建立在足够的工作空间中，以支持当前和未来的操作。

9）后勤

后勤协调小组支持行动职能中的其他小组，如城市搜索与救援队伍和紧急医疗协调小组，也可能需要在较长时间内支持总体人道主义响应。主要职责包括与国家当局密切合作，寻找、采购、运输和储存供应品（如燃料和木材）、运送人员（如受影响国家内的救援小组成员）、确保出入点安全、安排货物装卸和可能的清关，以及优先处理入境救济物品。后勤协调小组最早的人员将建立一个初步的后勤计划/系统，以满足 OSOCC 运行阶段的迫切需要。

10）环境

环境紧急情况协调小组的目的是与国家当局协调对潜在风险事件的反应，以确保采取有效的方法来评估和管理这些事件。这一作用的范围和规模因国家当局、国际行为者的能力、风险程度而大不相同。灾害影响地区的潜在二级风险可通过 VO 访问，可视情况建立 EE（Environmental Emergencies）协调小组。该小组将与受影响政府和第一批到达的国际响应团队（例如具有危险品响应能力的 USAR 队伍）合作，识别和评估现场和风险水平、制定并实施初始响应计划，并将所有信息与情况职能部门共享。

11）区域协调

区域协调小组将补充其他小组的工作，使区域组织的成员有可能充分纳入总体应对框架。区域组织的成员仍然可以与 OSOCC 内的其他单位直接联络，能够通过与必要的 OSOCC 小组联络或提供评估、分析和信息管理支持，确保 OSOCC 中的信息适当交换。

12）医疗队伍协调

EMTCC（Emergency Medical Team Coordination Cell）的核心目的是更好地满足额外的医疗需求，医疗队伍协调与卫生部门、OSOCC 也建立协调、沟通联系，协调的主要责任仍然在于卫生部或国家应急管理部门。

13）军民力量协调

在 OSOCC 内部通过军民力量协调小组实现与军事/武装行为者建立对话，以确保最有效和适当地使用军事和民防资产。其主要目的是通过集群促进人道主义行为者与军事行为者之间的信息共享，以进行互补分析、协调规划和任务划分。

2.1.2.3　VO

VO，即虚拟 OSOCC，是信息共享的网络平台，旨在于突发灾害的初期更好地了解和把握灾情信息，向灾害响应者提供行动环境的相关信息，并通过跟踪响应为决策制定和协调工作提供支持，从而促进国际 USAR 队伍、受灾国、联合国相关机构近似实时的交流信息。VO 同样是一个准备机制，它通过下设的会议、培训和讨论版块，提供信息交流[15,16]。

当大规模地震发生时，在灾害版块下将会创建新的讨论模块。所有的救援队伍都需要登记其状态（关注、待命、动员、派遣或任务结束）。假如队伍正在准备出队，则需要填写队伍概况表，说明队伍的联系方式、救援能力、到达情况和其他信息。地震发生后建立的讨论模块如图 2-7 所示。

2.1.2.4　RDC

RDC 通常是在受灾国建立的第一个 OSOCC 组成部分，一般由第一个到达的 USAR、EMT 或 UNDAC 团队成员设置[17]。在某些情况下，受灾国 LEMA 可能已经建立了一个 RDC，在这种情况下，即将到来的 USAR、EMTs（Emergency Medical Teams）和 UNDAC 就直接进行 RDC 的支持工作。

RDC 提供以下服务：灾情更新、行动信息、后勤支持，以及为人员、装备及人道主义援助的入境/海关手续提供便利。主要工作目标是：在入境点协助支持当局（机场、海港等）管理入境援助的国际 USAR、其他力量；记录并帮助协调国际团队的响应，并将其与协

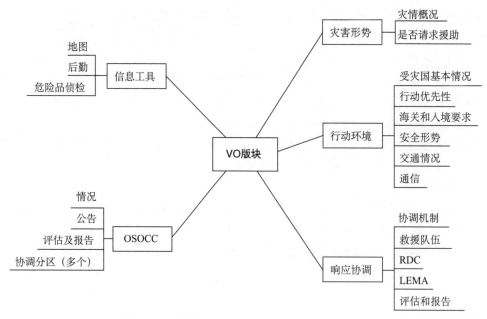

图 2-7　地震发生后 VO 针对该地震的模块设置

调结构联系起来；向到达的救援力量简要介绍他们立即部署到受影响地区时需要了解的情况和实际需求信息，如后勤等；并将以上队伍信息通过 OSOCC 向 LEMA 汇报。

在建立 RDC 的时候，与机场主要职能部门的联系至关重要。其基本结构、职能，以及与机场部门的合作示意图如图 2-8 所示。

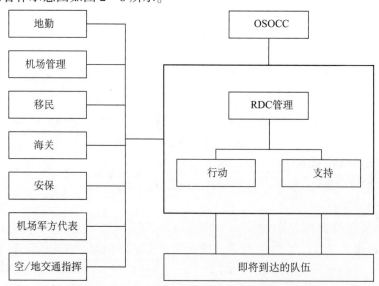

图 2-8　RDC 基本结构、职能以及与机场各部门的合作

RDC 首要任务是建立一个信息流系统，实现 RDC 和 OSOCC 之间确定的通信信道和进

程。通常的信息流共享机制包括：

（1）每天定时在 RDC 和 OSOCC 之间进行信息简报、协调讨论；

（2）每天定时更新队伍及其他注册信息；

（3）建立日常沟通协议，如保持高频度的电子邮件联系，并在紧急时通过电话进行沟通；

（4）定期更新 VO；

（5）预先沟通建立各救援队离开受灾国的行程安排。

除了与 OSOCC 的日常协调和信息共享活动外，RDC 还可以参与其他救援参与方举办的类似活动。

2.1.2.5　UCC 与 SCC

第一个到达的国际 USAR 队伍在建立 RDC，保持与 LEMA 和后续国际 USAR 队伍沟通的同时，还应建立 UCC。UCC 是 OSOCC 内部的一个小组，作为具有独立功能的实体，早于 OSOCC 建立并最后被纳入 OSOCC 中。UCC 的人员配置可根据响应工作的具体规模和复杂性进行扩充，主要包括行动人员、计划人员、信息管理人员和后勤人员四类，各类人员都向 UCC 负责人进行汇报。

当 UCC 建立后，最重要的是在已知地理和人口信息分析的基础上，与 LEMA 进行磋商合作，系统地计划和部署 USAR 队伍，确定救援工作的最佳展开地点。

当灾害规模大、大量国际 USAR 队伍响应同一突发事件时，通常需要进行分区，以有效管理救援行动。UCC 与到达的国际 USAR 队伍协同工作，通常采用电子表格跟踪灾区各个地理分区中国际 USAR 队伍的利用率和可用性，以及各个区域的发展态势，从而分配最合适的队伍数量至每个分区。如果需要，在每个分区任命一支合适的 USAR 队伍作为区域协调员 SCC（Sector Coordination Cell），在 UCC 的指导下协调该分区中所有队伍的行动[14]，如图 2-9 所示。

2.1.3　震后信息链路

以大规模灾害为例，在 OSOCC 里设置有 UCC 及多个 SCC 的情况下，图 2-10 所示为 OSOCC、LEMA、UCC、SCC、国际 USAR 队伍和其他救援力量之间的合作形式示意图。

当某地遭受地震灾害时，全球相关机构、人员都可通过 GDACS 获知地震灾害的发生、预警评估信息，国际 USAR 队伍可上传其所处状态；如果受灾国无法依靠自身资源满足救灾需求，可发出需要国际援助请求；INSARAG 协调体系可派出 UNDAC 队伍进行灾情评估，国际 USAR 队伍可依据 INSARAG 方法前往受灾国进行援助。这些活动可借助 GDACS、VO 实现，属于网络协调范畴。

当第一支提供援助的国际 USAR 队伍抵达受灾国后，如果受灾国 LEMA 政府未建立 RDC，则该队伍负责建立 RDC 并运行至 OSOCC 建立以接管 RDC；如果受灾国政府已经建立 RDC，则该队伍可协助 RDC 运行。该活动属于在机场的协调范畴。

在工作现场协调则是在 OSOCC、LEMA 的协调下进行，还可以根据需要建立 UCC、SCC，以满足重特大地震造成的大规模震害影响。USAR 队伍及其他救援力量与 SCC、UCC、

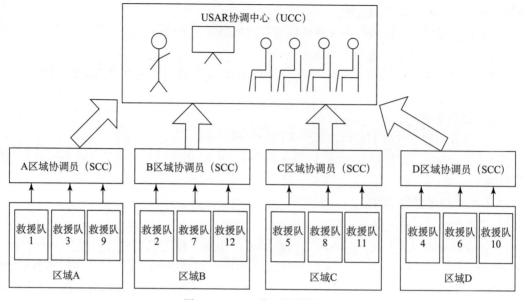

图 2-9　UCC 分区协调员设置

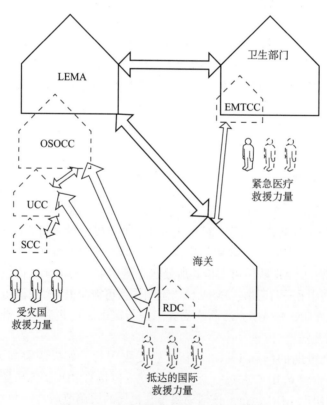

图 2-10　灾害救援力量合作沟通示意图

OSOCC/LEMA 之间可通过邮件、电话、会议等构建信息链路、共享途径，实现队伍报告、简报及任务信息等的传递，协调救援力量的分布。OSOCC 的相关职能部门、小组之间，以及与 LEMA、USAR 等外部资源间的信息链路如图 2-11 所示。

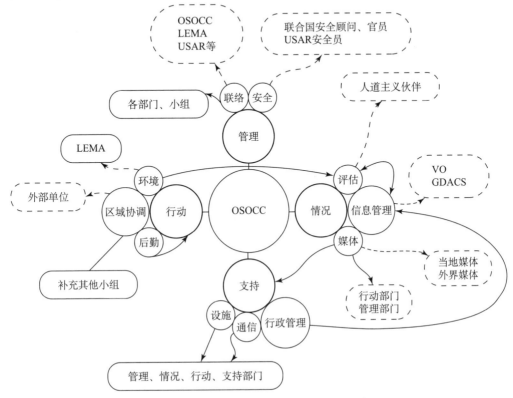

图 2-11　OSOCC 运行阶段内外信息链路示意图

2.1.4　机制分析

联合国 INSARAG 建立了由指导委员会、秘书处，三个区域工作组，数量不定的工作组、USAR 队长构成的组织机构；以 GDACS、VO 平台为依托进行灾害准备阶段的协调管理，如全球会议、区域会议、工作组会议、USAR 队长会议，以及 USAR、UNDAC 等队伍、岗位人员的培训、测评；震后在统一的体系、方法下建立以 OSOCC 为中心，包含 VO、子 OSOCC、UCC、SCC 等部分的协调架构，实现不同规模灾害下受灾国自身及国际救援力量的协同运转，为减轻灾区影响、发展人道主义事业构建了可行的城市灾害现场搜救指南。

但 INSARAG 体系也存在一定的不足，体现在：

（1）相关体系、方法属于推荐而不是强制，在全球普及应用尚未实现，且在地区之间发展不平衡。2005～2019 年，全球共有 56 支通过 INSARAG 测评的队伍，其中重型 35 支、中型 21 支；在地区分布上，欧非中东地区 41 支，美洲地区 4 支，亚太地区 11 支。与全球大量的灾害救援队伍相比，56 支显得数量极为稀少，灾害发生后仍主要依靠受灾国自身力量。

（2）INSARAG 属于人道主义机构，在政治领导方面不具备优势。灾害发生后建立的

OSOCC 等机构在很大程度上仍然需要 LEMA 协助，且对现场救援力量更多的属于协调指挥，而不是更加高效的命令指挥，即救援力量如果真的不接受其制约，也未有针对性的解决方法。

（3）INSARAG 自身资源有限，其经费主要依靠联合国会费、捐赠，无法培养大规模直属救援力量，主要依靠各国人道主义人员；在储备海量救援装备、物资方面也存在一定困难，因而在应对频发的灾害事件时无法完全依靠自身实力解决。

2.2　美国突发事件管理系统 NIMS 及减灾规划框架 NPF

2.2.1　国家突发事件管理系统 NIMS

NIMS 是 40 多年来改进事件管理互操作性努力的结晶。20 世纪 70 年代，由地方、州和联邦机构合作创建了一个名为"加利福尼亚消防资源"的系统 FIRESCOPE，该系统针对潜在的紧急情况进行组织。FIRESCOPE 包括 ICS 和多机构协调系统 MACS（Multiagency Coordination Groups）。1982 年，开发 FIRESCOPE 的机构和国家野火协调小组 NWCG（National Wildfire Coordinating Group）创建了国家机构间事故管理系统 NIMS[18]，部分目的是使 ICS 和 MACS 指南适用于所有类型的事故和所有危险。

MACS 多机构协调系统的存在是为了在不同的 NIMS 功能组中协调这四个领域：ICS、EOC、MAC 组和联合信息系统 JIS（Joint Information System）。指挥和协调组件描述了这些 MACS（Management Assistance Compact System）结构，并解释了在不同级别的事件管理中运行的各种元素如何相互接口。通过用共同的术语、组织结构和操作协议描述统一的理论，NIMS 使所有参与事件的人——从现场的事件指挥官到重大灾难中的国家领导人——能够协调并最大限度地发挥其努力的效果。

在 2001 年恐怖袭击之后，有必要建立一个具有标准结构、术语、程序和资源的全国性综合事件管理系统。国土安全部 DHS（Department of Homeland Security）领导了一项全国性的努力，以巩固、扩大和加强 FIRESCOPE、NIMS 和其他开发 NIMS 的机构以前的工作。联邦应急管理局 FEMA 于 2004 年发布了第一份 NIMS 文件，并于 2008 年、2017 年进行了修订。2017 年版本反映了自 2008 年以来取得的进展，其依据是经验教训、最佳做法和国家政策的变化，包括对国家备灾系统的更新。

NIMS 指导各级政府、非政府组织 NGO（Nongovernmental Organizations）和私营部门共同努力，预防、保护、减轻、应对和从事故中恢复。NIMS 为整个社区的利益攸关方提供共享的词汇表、系统和流程，以成功地提供国家备灾系统中描述的能力。NIMS 定义了操作系统，包括事故指挥系统 ICS、应急行动中心 EOC、指导人员在事故期间如何协同工作的多机构协调小组（MAC 小组的结构），其基本组成结构如图 2-12 所示。NIMS 适用于所有事件，从交通事故到重大灾难。

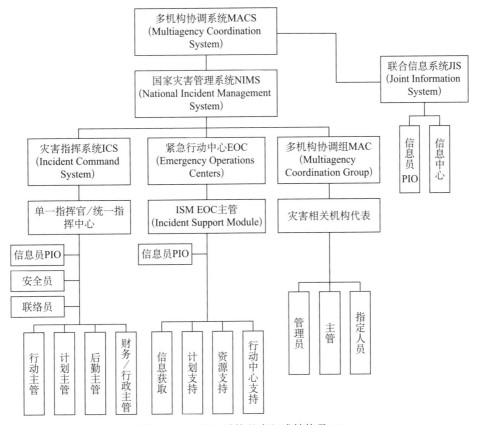

图 2 - 12　NIMS 系统基本组成结构及 JIS

2.2.1.1　事故指挥系统 ICS

ICS 是对现场事件管理的指挥、控制和协调的标准化方法，它提供一个公共的层次结构，来自多个组织的人员可以在所属层次有效地工作[19]。ICS 组织结构整合和协调程序、人员、设备、设施和通信的组合。该系统包括五个主要职能领域指挥、行动、计划、后勤和财务/行政，各个职能根据需要可分别设置职能分支并配备人员，如图 2 - 13 所示。

事件指挥部负责事件的全面管理，根据灾害事件的地点、性质可设置单一事件指挥官或统一指挥中心，对灾害事件执行指挥功能。在图 2 - 13 中，信息员 PIO（Public Information Officer）、安全员、联络员属于指挥部层次，行动、计划、后勤、财务/行政职能属于参谋部层次，两者共同支持事故指挥部，满足事件处理需要。需要注意的是，与 INSARAG 的现场协调类似，当灾害事件规模大或影响范围广或性质复杂时，可设立区域事件指挥部。

无论使用单一事件指挥官还是统一指挥中心，其指挥职能都包括：

（1）为事件建立单一指挥所 ICP（Incident Command Post）；

（2）建立统一的事故目标、优先事项和战略指导，并在每个运营期间更新；

（3）根据当前事件的优先顺序，为总参谋部的每个职位选择一名主管；

（4）建立单一的资源订购系统；

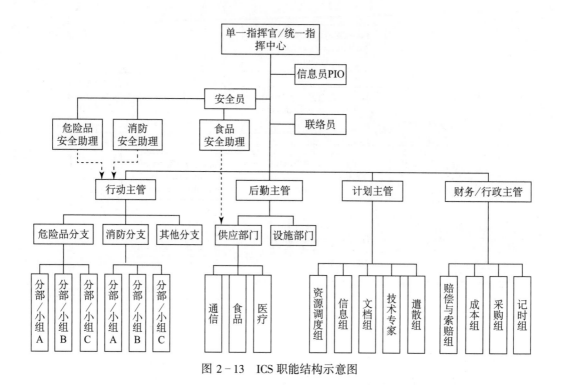

图 2 - 13　ICS 职能结构示意图

（5）批准每个运营期的综合行动计划 IAP（Incident Action Plan），建立联合决策和文件编制程序；

（6）总结经验教训和最佳实践。

1. 指挥部层次

除信息员 PIO、安全员、联络员外，事件指挥官/统一指挥中心可根据需要任命其他人员。

信息员 PIO 与公众、媒体和/或有事故相关信息需求的其他机构进行接触。其任务主要有：收集、核实、协调并向内部和外部受众及时传播关于该事件的可获得、有意义的信息；监测媒体和其他公共信息来源，以收集相关信息，并将这些信息传递给事件管理组织的适当部门。在大规模事件中，信息员 PIO 参与或领导联合信息中心 JIC（Joint Information Center）。

安全员监督事故操作，并就健康和安全有关的事项向事故指挥官或统一指挥中心提出建议，但安全管理的最终责任在于事故指挥官或统一指挥中心和各级主管。其主要任务有：制定和维持事故安全计划；协调多机构的安全；采取措施促进事故人员和事故现场的安全；阻止和/或防止不安全行为。可根据需要在行动、后勤职能中设立安全助理，如危险品安全助理、消防安全助理、食品安全助理，并可细化设置至具体的任务地点。

联络员是事故指挥中心与政府机构、司法管辖区、非政府组织和未纳入统一指挥部的私营部门组织代表的联络点。

2. 参谋部层次

行动、计划、后勤、财务/行政职能属于参谋部层次，负责事故指挥结构的功能方面。事件指挥官或统一指挥部根据需要启动这些职能，并可配备一名或多名副手。

行动部门人员计划和执行战术活动，以实现事件指挥官或统一指挥中心制定的事件目标，如拯救生命、减少直接危险、保护财产和环境、建立情景控制和恢复正常运作。行动主管根据事件的性质和范围、所涉及的管辖区和组织、事件的优先事项、目标和战略来组织该部门人员，设立职能分支、分部或小组，并提出资源需求。行动部门人员的主要职能包括：代表事件指挥官或联合指挥部指导战术活动的管理；制定和实施战略和战术，以实现突发事件的目标；组织业务科以最佳方式满足事故需要，保持可管理的控制范围，并优化资源的使用；支持每个运营期的事件行动计划 IAP 的开发。

计划部门人员收集、评估并向事件指挥官或统一指挥中心及其他事件人员传播事件情况信息。该部门的工作人员编写状态报告，显示情况信息，维护分配资源的状态，促进事故行动规划过程，并根据其他部门和指挥人员的输入以及事故指挥官或统一指挥中心的指导编写事件行动计划 IAP。计划部门人员可分为资源调度组、文档组、信息组、技术专家、遣散组，主要职能包括：协助召开事故规划会议；记录资源状况和预计的资源需求；收集、组织、显示和传播事故状态信息，并分析情况的变化；规划有序、安全和有效地遣散事故资源；收集、记录和保护所有事故文件。

后勤部门可分为供应和设施两类分支，人员为灾害事件涉及人员提供设施、安保（事故指挥设施和人员）、运输、用品、设备维护和燃料、食品服务、通信和信息技术支持以及医疗服务。主要职能包括：订购、接收、储存/安置和处理事件相关资源；在事故期间提供交通服务；确定食品和水的需求；提供通信、医疗服务。

财务/行政工作人员的职责包括记录人员时间、谈判租约和维护供应商合同、管理索赔以及跟踪和分析事故成本。该部门工作人员可划分为赔偿与索赔组、成本组、采购组、记时组，所有人员与计划、后勤部门密切协调，将业务记录与财务文件核对一致。其主要职能包括：跟踪成本，分析成本数据，作出估计，并建议成本节约措施；分析、报告和记录事件中财产损失、响应者受伤或死亡引起的财务问题；管理与租赁和供应商合同有关的财务事项；管理用于分析和决策的行政数据库和电子表格；以及事件人员和租赁设备的记录时间。

2.2.1.2　应急行动中心 EOC

在应急行动中心 EOC，多个机构的工作人员聚集在一起来应对灾害，并可以向事故指挥部、现场人员和/或其他 EOC 提供协调支持。EOC 可以是固定位置、临时设施或工作人员远程参与的虚拟结构。根据应对的灾害事件类型、规模，EOC 工作人员小组的目的、权限和组成差异很大，但主要职能一般都包括：收集、分析和分享信息；支持资源需求和请求，包括分配和跟踪；协调计划，确定当前和未来的需要；在某些情况下，提供协调和政策指导。

图 2-12 中描述了以支援为主要目标的 EOC 组织结构。该结构中，EOC 的工作重点放在资讯、规划和资源支援方面，具体做法是将情势察觉职能与规划职能分开，并将行动和后勤职能合并在一起。这种结构将 EOC 主管与灾情感知/信息管理的人直接联系起来，并简化资源的来源、订购和跟踪。

此外，EOC还有一种类似ICS的组织结构以及部门组织机构。

类似ICS组织结构中，指挥部层次下设有信息员PIO，参谋部层次则有类似于ICS的行动、计划、后勤、财务/行政职能部门。为了与ICS进行区分，EOC的此种结构中，相应部门、岗位的称呼做了改变，参谋部层次的四个部门分别称为行动协调部门、计划协调部门、后勤协调部门、财务/行政协调部门，如图2-14a所示。

部门组织机构的EOC，通常需要较少的培训，并强调所有部门和机构的协调和平等地位。在这种模式中，一个人，无论是辖区或组织的应急管理人员，还是另一名高级官员，直接协调辖区的支助机构、非政府组织和其他伙伴，如图2-14b所示。

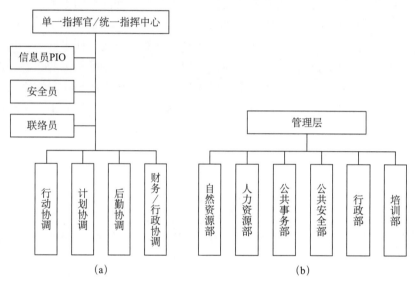

图2-14 不同形式的EOC部门设置示例

(a) 类ICS组织结构EOC；(b) 部门组织机构EOC

应急行动中心EOC的建立可能源于下列原因：

（1）事件涉及一个以上的区域和/或事件涉及多个机构；

（2）事件可能迅速扩大，涉及连锁效应，或需要额外资源；

（3）过去曾发生类似事件，导致应急行动中心被激活；

（4）EOC主官或其他官员指示启动应急行动中心；

（5）灾害事件即将发生（例如，飓风警报、河水缓慢泛滥、危险天气预测、威胁程度升高）；

（6）发生紧急行动计划中所述的临界点事件；

（7）和/或预计会对人口产生重大影响。

EOC通常具有多个激活级别，以允许大规模响应、所需资源的交付和适合事件的协调级别。预先制定的紧急行动计划通常规定EOC的启动水平，并说明哪些组织和/或人员将进行参与，其在EOC中具体的工作。EOC人员应使用表2-1所列的标准激活相应级别，以便在其管辖范围/组织之外进行沟通。

表 2 - 1　EOC 级别及激活标准

级别	描述
正常运行（稳定状态）	在未发现事故或特定风险或危害时，EOC 正常活动； 如果 EOC 通常拥有此功能，则进行例行监视和警告活动
部分激活	某些 EOC 团队成员/组织被激活，以监控可信的威胁、风险或危害，和/或支持对新的和潜在演变事件的响应
全部激活	启动小组，包括来自所有援助机构的人员，以支持对重大事件或可信威胁的反应

如情况许可，EOC 领导会解除 EOC 职员的职务，而 EOC 亦会回复其正常运作/稳定状态。当事故不再需要 EOC 人员提供支援和协调职能，或这些职能可由个别机构或稳定的协调机制管理时，通常会停用 EOC。EOC 领导也可以根据任务需要分阶段停用。EOC 的工作人员在停用之前完成资源复员和转移任何正在进行的事故支持/恢复活动。

2.2.1.3　多机构协调组 MAC

MAC 组（有时称为策略组）属于 NIMS 的非现场事故管理结构，由利益相关者机构或组织的代表组成，如图 2 - 12 所示，是多个机构、组织共同组成的协调组，目的是提出合作的多机构决策。MAC 组的决策基于成员的共识并可以虚拟地工作。在事故发生期间，军事行动协调小组充当政策一级的机构，支持确定资源的优先次序和分配，并使事故当地负责人员（例如，事故指挥官）能够作出决策。

MAC 组主要负责资源优先级和分配。与统一指挥不同，MAC 组不执行事故指挥功能，也不取代作战、协调或调度组织的主要功能。当资源竞争非常激烈时，MAC 组可以减轻协调和调度组织的一些优先排序和分配责任。

MAC 组通常由机构管理员、主管或主管指定人员组成。任何级别（如地方、州、部落或联邦）或任何学科（如应急管理、公共卫生、关键基础设施或私营部门）的组织都可以建立 MAC 组。其成员应代表直接受影响且其资源用于事故的组织。有些组织具有较多有利因素、政治影响力或技术专长，可能对 MAC 组成功支持响应和恢复起到关键作用，那么类似组织亦可纳入 MAC 组内。MAC 组内的人员应获得其所代表机构、组织的授权，将机构、组织的资源和资金用于事故活动。

2.2.1.4　联合信息系统 JIS

向公众传播及时、准确的信息在事故管理的所有阶段都很重要。联合信息系统包括能够与公众、事故人员、媒体和其他利益相关者进行沟通的过程、程序和工具。将事件信息和公共事务整合到一个有凝聚力的组织中，在事件发生之前、期间和之后提供协调和完整的信息。JIS 跨越了事故管理的三个层次（现场/战术、中心/协调、政策/战略），有助于确保所有事故人员之间的信息协调。主要用于：

（1）开发和传递协调的跨机构信息；

（2）代表事件指挥官或统一指挥中心、EOC 主管或 MAC 小组制定、推荐和执行公共信息计划和策略；

（3）就可能影响事件管理工作的公共事务问题，向事件指挥官或统一指挥中心、MAC小组和 EOC 主管提供建议；

（4）处理和管理可能损害公众信心的谣言和不准确信息。

1. 信息员 PIO

信息员 PIO 是 ICS 和 EOC 组织的主要成员，属于指挥部层次，他们经常与 MAC 小组的高级官员密切合作[20]。

如果 PIO 职位在事件指挥所 ICP 和支援性质的 EOC 都有工作人员，则 PIO 通过预先制定的 JIS 协议保持密切联系。就与事故管理有关的公共信息事宜，向事故指挥官、统一指挥中心或 EOC 主官提供意见。

PIO 还处理来自媒体、公众和民选官员的询问；公共信息和警告；谣言监测和应对；媒体关系；以及收集、验证、协调和传播准确、可访问和及时的信息；特别重要的是处理公共卫生、安全和保护的信息。此外，还监控媒体和其他公共信息来源，并将相关信息发送给事件指挥部、EOC 和/或 MAC 组的相关人员。

其主要任务有：

（1）所有信息员通过合作创建协调一致的信息；

（2）确定要传达给公众的关键信息；

（3）编写所有人都能理解的明确信息，包括英语能力有限的个人、残疾人和其他有出入和功能需求的人；

（4）确定信息的优先次序，以确保及时提供信息，而不使受众不堪重负；

（5）核实资料的准确性；

（6）使用最有效的手段传播信息。

2. 联合信息中心 JIC

联合信息中心 JIC 是一个容纳 JIS 操作的设施，负责公共信息的人员在这里执行基本的信息和公共事务职能。JIC 可作为独立的协调实体、事故现场或 EOC 的组成部分建立。根据事件的需要，可在现场与地方、州和联邦机构协调，或在国家一级（如果情况允许）建立特定事件的 JIC。

一个事件应该有一个单一的 JIC，但是系统足够灵活和适应性，可以容纳多个物理或虚拟 JIC。在多个联合信息中心存在时，每个 JIC 都应建立与其他 JIC 有效沟通和协调的程序和协议，其工作人员应进行协调以确保信息一致，并确定最后的信息发布方式。

当一个事件预计将持续一段时间，如新冠肺炎疫情；或者当该事件影响到一个很大的地区时，如大规模灾害，可以使用国家 JIC。根据事件的性质，可以以多种方式组织 JICs，如表 2-2 所示。

参与灾害管理的机构、组织保持其独立性，协作生成公共信息。事件指挥部、EOC 领导层或 MAC 组成员可能负责建立和监督 JIC，包括建立协调和清理公共通信的流程。

表 2 - 2　联合信息中心 JIC 类型示例

类型	特点
事件 JIC	可与事故指挥部,统一指挥中心或 EOC 处于同一地点,信息员 PIO 可共享;与媒体保持良好沟通
虚拟 JIC	当无法建立事件 JIC 时采用,采取相应技术和通信协议,实现信息的交互
分 JIC	为支持主 JIC 而建立,在主 JIC 的控制区域下运行,规模比其他 JIC 小
区域 JIC	在地方或全州范围内建立,与媒体保持良好沟通
国家 JIC	针对长时间或大范围影响事件建立,支持联邦事故管理,由许多联邦部门和/或机构工作,与媒体保持良好沟通

2.2.2　减灾规划框架 NPF

2.2.2.1　NPF 简介

国家减灾规划框架 NPF(National Planning Framework)为国家如何应对各类事件提供了基本的应急管理原则。NPF 建立在国家事故管理系统 NIMS 中确定的可扩展、灵活和适应性概念之上,以协调全国的关键角色和责任[21]。NPF 包括预防、保护、缓解、响应、恢复五个组成部分,各部分的核心能力如表 2 - 3 所示。各部分结构和程序的实施允许结合灾害规模、特定资源和能力进行修改交付,以适合于每个事件的协调水平。

NIMS 的目的是提供一种管理事件的通用方法,提供了标准化但灵活的事件管理和支助做法,强调共同原则、业务结构和支助机制的一致做法以及资源管理的综合做法。NPF 中描述的响应协议和结构与 NIMS 一致。NIMS 提供了事件管理的模板,无论事件的大小、范围、原因或复杂性如何,而 NPF 提供了策略执行和事件响应的结构和机制。应对灾难和紧急情况需要各种组织的合作;事件越大或越复杂,必须做出响应的组织数量和种类就越多。NPF 为这些组织如何协调、整合和统一反应提供了基础。

NPF 的目标如下:

(1) 描述协调结构,以及整合整个社区能力的关键作用和责任,以支持政府、私营部门和非政府组织应对实际和潜在事件的努力;

(2) 描述公共部门和私营部门以及非政府组织如何团结一致,支持社区生命线的稳定,并优先恢复基础设施目标受众;

(3) 说明公共和私营部门以及非政府组织如何齐心协力,支持稳定社区生命线,在事件期间优先恢复基础设施,并促成恢复,包括支持经济安全的要素,如恢复商业运营和其他商业活动;

(4) 描述准备提供响应核心能力所需的步骤,包括在事件中通过企业、基础设施所有者和运营商带来的能力;

表 2 - 3　灾害减灾规划框架 NPF 五个部分核心能力

序号	预防 Prevention	保护 Protection	缓解 Mitigation	响应 Response	恢复 Recovery
1	计划				
2	公共信息和警告				
3	业务协调				
4	情报和信息共享			基础设施系统	
5	阻截和干扰			临界运输； 环境反应/健康和安全；	
6	筛选、搜索和检测			死亡管理服务；	
7	法证和归属	访问控制和身份验证； 网络安全； 实物保护措施； 保护方案和活动的风险管理； 供应链的完整性和安全性	社区复原力； 长期减少脆弱性； 风险和抗灾能力评估； 威胁和危险识别	火灾管理与扑灭； 物流与供应链管理； 大众护理服务； 大规模搜救行动； 现场安全、保护和执法； 作战通信； 公共卫生、医疗保健和紧急医疗服务； 情境评估	经济复苏； 保健和社会服务； 住房； 自然文化资源

（5）促进应对行动活动的整合和协调；

（6）通过指导原则提供指导，并为持续改进联邦机构间业务计划（FIOP）、其事件附件以及实施 FIOP 的部门和机构计划奠定基础；

（7）NRF 还描述了事故管理国家级政策和操作指导的结构和机制。

2.2.2.2　紧急支援职能及其协调员

紧急支援职能 ESF（Emergency Support Function）不属于任何一个组织，也不是执行一个机构法定权力的机制。联邦 ESF 汇集了联邦各部门和机构以及其他国家级资产的能力。大多数联邦 ESF 支持许多响应核心功能，任何 ESF 都可以与牵头的 ESF 协调，为稳定任何社区生命线做出贡献。联邦 ESF 共同努力提供核心能力，以稳定社区生命线，支持有效的应对措施，各州和其他组织或各级政府也可以采用这种结构。

联邦 ESF 协调员监督某一特定 ESF 的备灾活动，并与其主要机构和支助机构进行协调。在响应过程中，ESF 协调员的职责包括：

（1）通过电话会议、会议、培训活动和演习，与 ESF 主要和支助机构保持联系；

（2）监测 ESF 在提供核心能力以稳定事件方面的进展；

（3）与相应的私营部门、非政府组织和联邦伙伴进行协调；

（4）确保 ESF 开展的规划和准备活动是适宜的；

（5）在各主要和支助机构之间分享信息和进行协调。

　　表 2-4 总结了联邦 ESF，并指出了每个 ESF 最直接支持的响应核心能力。所有 ESF 都支持共同的核心能力——规划、公共信息和预警以及业务协调。

表 2-4　紧急支助职能和 ESF 协调员

序号	协调员类别	协调员职能
1	ESF#1-运输 ESF 协调员：交通部	协调对运输系统和基础设施管理的支持、运输管理、国家空域管理以及确保国家运输系统的安全和安保。职能包括但不限于以下内容：运输方式管理和控制；运输安全；促进运输基础设施的稳定和重建；行动限制；以及损害和影响评估
2	ESF#2-通信 ESF 协调员：国土安全部/网络安全和基础设施安全局	协调政府和行业重建和提供关键通信基础设施和服务的努力，协助稳定系统和应用程序，防止恶意活动（如网络），并协调对应对工作的通信支助（如紧急通信服务、紧急警报和电信）。职能包括但不限于：与电信和信息技术行业协调；协调重建和提供关键的通信基础设施；保护、重建和维持国家网络和信息技术资源；加强对联邦反应机构内来文的监督；并从网络事件中促进系统和应用程序的稳定
3	ESF#3-公共工程和工程 ESF 协调员：国防部/美国陆军工程兵部队	协调能力和资源，以促进提供服务、技术援助、工程专业知识、施工管理和其他支持，为灾难或事件做好准备、应对和恢复。职能包括但不限于以下：提供基础设施保护和紧急修复；关键基础设施重建；工程服务和建筑管理；以及为拯救生命和维持生命服务提供紧急订约支持
4	ESF#4-消防 ESF 协调员：美国农业部/美国林务局和 DHS/FEMA/美国消防行政	协调对火灾的发现和扑灭的支持。职能包括但不限于支持荒地、农村和城市消防行动
5	ESF#5-信息和规划 ESF 协调员：DHS/FEMA	支持和促进涉及需要联邦协调的事件的多机构规划和协调行动。职能包括但不限于以下方面：经过深思熟虑和危机行动规划；并实现信息的收集、分析、可视化和传播
6	ESF#6-大规模护理、紧急援助、临时住房和人类服务 ESF 协调员：DHS/FEMA	协调提供大众护理和紧急援助。职能包括但不限于以下内容：提供大众护理；紧急援助；临时住房；和人类服务
7	ESF#7-后勤 ESF 协调员：总务管理局和 DHS/FEMA	协调全面的事件资源规划、管理和维持能力，以满足灾难幸存者和应急人员的需求。职能包括但不限于：建立全面的国家事故后勤规划、管理和维持能力；并提供资源支助（例如，设施空间、办公设备和用品以及订约承办事务）

序号	协调员类别	协调员职能
8	ESF#8-公共卫生及医疗服务 ESF 协调员：卫生及公众服务部	协调应对实际或潜在的公共卫生和医疗灾难或事件的援助机制。职能包括但不限于以下方面：规定公共卫生；医疗激增支持，包括病人流动；行为健康服务；大规模死亡管理；兽医、医疗和公共卫生服务
9	ESF#9-搜救 ESF 协调员：国土安全部/联邦应急管理局	协调迅速部署搜救资源，以提供专门的救生援助。职能包括但不限于下列各项：结构倒塌（市区）搜索及救援、海上/沿岸/水上搜索及救援，以及土地搜索及救援
10	ESF#10-石油和有害物质反应 ESF 协调员：环境保护署	协调对实际或潜在的石油或危险材料排放和/或释放的支持。职能包括但不限于：对石油和危险材料污染的性质和程度进行环境评估；并规定环境净化和清理，包括建筑物/结构和受污染废物的管理
11	ESF 第 11 号-农业和自然资源 ESF 协调员：农业部	协调旨在保护国家粮食供应、应对影响农业的虫害和疾病事件以及保护自然和文化资源的各种职能。职能包括但不限于以下内容：营养援助；农业病虫害防治；动物和农业应急管理的技术专长、协调和支助；肉类、禽肉及蛋制品的安全与防御；并对自然和文化资源及历史财产进行保护
12	ESF#12-能源 ESF 协调员：能源部	协助重建受损的能源系统和部件，并在涉及放射性/核材料的事故中提供技术专门知识。职能包括但不限于：能源基础设施评估、修复和重建；能源工业公用事业协调；和能源预测
13	ESF 第 13 号-公共安全和安保 ESF 协调员：司法部/酒精、烟草、火器和爆炸物局	协调公共安全和安保能力和资源的整合，以支持全方位的事件管理活动。职能包括但不限于以下方面：设施和资源保障；提供安全规划和技术资源援助；公共安全和安保支助；并提供对访问、流量和人群控制的支持
14	ESF 第 14 号-跨部门业务和基础设施 ESF 协调员：国土安全部/网络安全和基础设施安全局	与基础设施所有者和运营商、企业及其政府合作伙伴协调跨部门业务，特别侧重于一个部门的企业、基础设施所有者和运营商为协助其他部门更好地防止或减轻它们之间的连锁故障而采取的行动。特别侧重于那些目前没有与其他 ESF 相一致的部门（例如金融服务部门）。职能包括但不限于以下方面：跨部门挑战的评估、分析和态势感知；各项工作促进了与关键基础设施部门的业务协调
15	ESF 第 15 号-对外事务 ESF 协调员：国土安全部	协调向受影响的受众，包括政府、媒体、非政府组织和私营部门发布准确、协调、及时和可获取的公共信息。与州和地方官员密切合作，确保外联到整个社区。职能包括但不限于以下方面：公共事务和联合新闻中心；政府间（地方、国家、部落、领土、非政府和私营部门）事务；和国会事务

2.2.2.3　国家响应框架 NRF 协调

灾害事件管理在灾害发生地开始和结束，大多数灾害事件都在尽可能接近的地理、组织和管辖级别上进行管理或执行。成功的灾害事件管理往往取决于多个司法管辖区、各级政府、职能机构、非政府组织和应急人员以及私营部门的合作，这就需要在广泛的活动和组织中进行有效的协调。相应地，最优灾害响应遵循本地执行的模型即州、部落、领土或岛屿地区执行的模型，再加上联邦政府的支持以及私营部门和非政府组织的参与。响应框架协调涉及的层次及结构如图 2 - 15 所示。

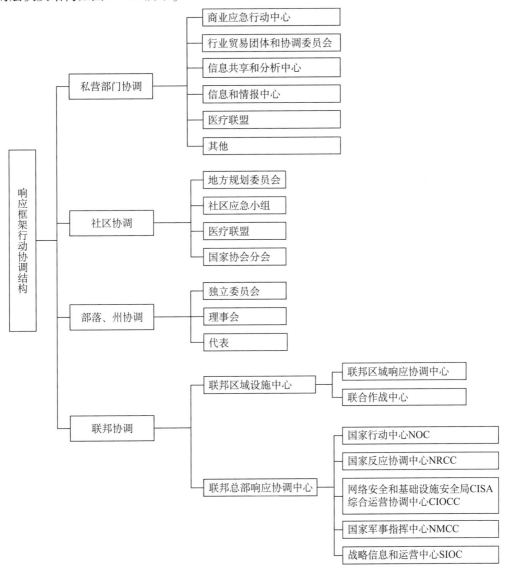

图 2 - 15　响应框架协调层次及结构组成

响应框架 NRF（National Response Framework）中的行动协调在所有类型、规模的灾害事件中都可以进行应用，包括行动和活动，使决策者能够确定适当的行动方针，并对所有类型的事件进行监督，包括复杂的国土安全行动，以实现统一努力和有效结果[22]。

ESF#14 帮助协调政府和私营部门之间（或跨政府和私营部门）的多部门应对行动，以应对危害国家公共健康和安全、经济和国家安全的自然或人为灾难性事件。因此，最优灾害响应遵循本地执行的模型，即州、部落、领土或岛屿地区执行的模型，再加上联邦政府的支持以及私营部门和非政府组织的参与。

企业和基础设施所有者和运营商主要负责在紧急情况下操作和修复其系统。政府组织应与私营部门合作伙伴密切协调，以做到以下几点：

（1）评估满足幸存者需求的跨部门相互依存关系和障碍；

（2）确定能够或支持迅速稳定社区生命线的机会；

（3）确定哪些地方政府支持是适当的和可用的；

（4）确定应对行动与私营部门努力同步的机会，以确保以最有效的方式接触尽可能多的幸存者。

1. 私营部门协调

私营部门的协调结构包括商业应急行动中心 BEOC（Business Emergency Operations Centers）、行业贸易团体和协调委员会、信息共享和分析中心、私营部门信息和情报中心以及其他结构实体，如医疗联盟。这些组织由多个企业和实体组成，通过共享的地理位置或共同的职能（如银行、供应链管理、交通、场馆和管理）聚集在一起，支持私营部门内的协作、沟通和信息共享。这些组织可以与非政府组织协调和支持，并在许多情况下充当政府协调机构的渠道。加强私营部门和政府协调机构之间的关系，加强信息共享和业务响应。

2. 社区协调

社区协调结构包括地方规划委员会、社区应急小组、社区内医疗联盟及国家协会分会。本地执行的响应重点关注由本地、自愿和私营部门组织组成的复杂网络如何整合其能力，以恢复受损的基础设施，重新启动产品和服务流，并将基本物品交给幸存者手中。因此，地方政府和社区为执行有效响应提供了真正的运作协调，并且在其自身资源不足时，可以利用额外的州和联邦资源的支持。各级政府的应急人员使用 NIMS 和 ICS 指挥和协调结构来管理和支持应急行动。

3. 部落、州协调

部落协调结构因各种因素而有所不同，如个别部落的能力、人口规模和经济环境。部落可能有内部协调结构和设施，用于事件响应，以及其他包括边界州和相邻司法管辖区的协调结构和设施。

州、地区和岛屿地区在确定需求和建设能力时，还利用州、地区、岛屿地区合作伙伴的能力和资源。州、领土或岛屿地区层面的协调结构也有所不同，这取决于地理、人口、工业和地方司法能力等因素。这些结构的设计还旨在利用整个社区的适当代表，其中一些人还可能参与地方或区域协调结构。许多州、地区和岛屿地区设立了独立委员会或理事会，重点关注特定地区或职能，作为其应急管理机构的一个子集。

4. 统一协调

统一协调是用来描述在事件一级开展的主要州、部落、领土、岛屿地区、联邦事件管理活动的术语。统一协调通常由联合外地办事处 JFO（Joint Field Office）指挥，这是一个临时的联邦设施，为私营部门、非政府组织和各级政府的反应努力提供一个协调中心。统一协调的组织，人员配备和管理方式使用 ICS 结构。统一协调小组 UCG（Unified Coordination Group）由代表国家、部落、领土、岛屿地区和联邦利益的高级领导人组成，在某些情况下，还包括地方管辖区、私营部门和非政府组织。UCG 成员必须有很大的管辖权和责任。根据事故的范围和性质，UCG 的组成因事故而有所不同。UCG 领导统一的协调人员。来自州、部落、领土、岛屿地区、联邦部门和机构、其他司法实体、私营部门和非政府组织的人员可能被分配到各种事故设施（例如，JFO、集结区和其他外地办事处）的统一协调人员中。综合协调小组根据事件要求确定统一协调人员的人员配置。

作为联邦反应的主要实体，统一协调整合了不同的联邦当局和能力，并协调联邦反应和恢复行动。图 2-16 显示了一个统一的协调组织，该组织可能被集合起来处理重大事件。进行现场、战术层面活动的联邦机构也可能建立事件和地区指挥结构，通常与对应的地方、州、部落、领土和/或岛屿地区政府机构一起管理这项工作。

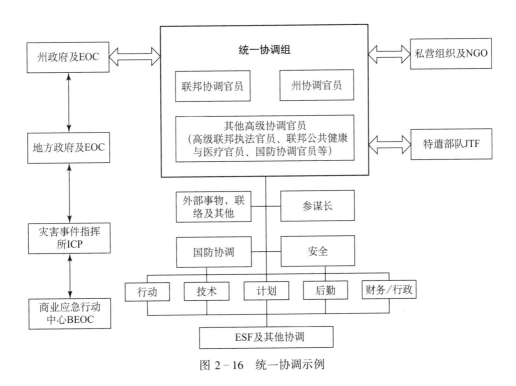

图 2-16　统一协调示例

2.2.3　机制分析

美国建立了联邦、州、市县地方政府三级防灾机构体系，制定了国家减灾规划框架NPF、突发事件管理系统NIMS，形成了以FEMA为核心的应急管理体系，其特点有：

（1）按时间划分了灾害事件应对主体的责任、能力及相互间协调关系。美国减灾规划框架NPF将国家需要协调的组织进行整合，指导国家作为一个整体来应对突发事件；明确突发事件应对中联邦政府各部门、各级地方政府、非政府组织、民营企业的作用与责任；提供了在线培训方式。预防、保护、缓解、响应、恢复五个部分框架作为基础，每个框架都定义了各自的目标及原则，阐述在灾害应对过程中涉及的角色、责任、所需要的核心能力，以及协调结构的组成和使用，并说明各部分框架的关系。响应框架NRF提供了策略执行和事件响应的结构和机制，在应对灾难和紧急情况各种组织如何展开合作、如何协调、整合和统一反应提供了基础。

（2）提供了标准化的灾害事件管理方法。国家突发事件管理系统NIMS的目的是提供一种管理灾害事件的通用方法，提供了标准化但灵活的事件管理和支助做法，强调共同原则、业务结构和支助机制的一致做法以及资源管理的综合做法。NIMS提供了事件管理的模板，无论事件的大小、范围、原因或复杂性如何，都可以依据模板进行设置、使用。

（3）加强了对跨部门业务、基础设施、私营部门的协调管理。设立ESF第14号进行跨部门业务协调，尤其是对基础设施、生命线工程所有者，以及其他ESF未包括的部门。灾后响应中通过私营部门协调结构对电力、通信等基础设施、商业、医疗等进行协调，提高对私营部门的协调力度。

但由于美国政治体制的原因，也存在一些不足：

（1）联邦政府与州政府为非直属关系，需要先期协议确立合作。美国为联邦制，各州仍保有相当广泛的自主权，有自己的宪法、法律和政府机构，州政府可处理本州范围内的事务。美国突发事件发生后，应急行动的指挥权属于当地政府，仅在地方政府提出援助请求时，上级政府才调用相应资源予以增援，却并不接替当地政府对这些资源的处置和指挥权限，上一级政府有权在灾后对这些资源所涉及的资金使用情况进行审计。这在一定程度上影响应急响应的规模、资源的初期投入。

（2）经费与责任未完全对等。根据《斯塔福德法案》，救灾资金大部分援助都是有FEMA的救灾基金支付，应急恢复资金通常由联邦政府和州政府分担，且联邦政府份额不得少于75%。州与地方政府向联邦领取协助经费，但没有建立责任机制。各州州长动辄提出协助申请，且申请核准率高；联邦经费超额后只能提交临时申请并等待批准，形成经费空缺期，不利于空缺期灾害事件应对。

（3）各州应急管理防灾机构名称并不统一，地位不等。下属县、市如需要州政府协助则必须成立应急管理单位，拟定紧急管理计划送交州政府审核批准。临近区域应急机构职级、管理计划有可能存在差别，造成同级政府横向之间的衔接、协调困难。

2.3　日本应急管理体系

2.3.1　救灾管理机构、体系机制及法律

2.3.1.1　救灾管理机构

日本中央与地方防灾体制，规定了中央、都道府县、市町村、中央及地方指定行政机关、指定公共机关及居民有关防灾的责任与义务，以及防灾活动组织化、体系化[23]。应急管理机构及职能如图 2 - 17 所示，行政机关、公共机关主要包括的范围如表 2 - 5 所示。

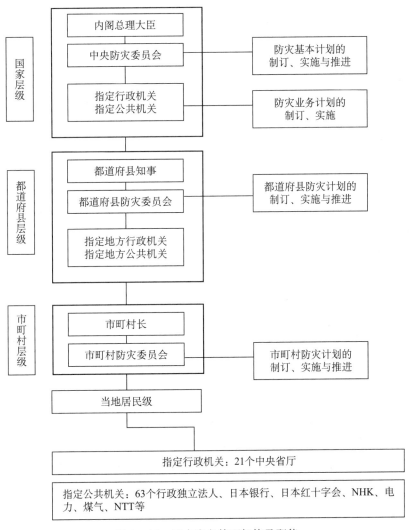

图 2 - 17　日本应急管理架构及职能

表 2 - 5　日本指定机关分类

序号	指定机构	包含单位
1	指定行政机关	首相府、国家公安委员会、自治省、外务省、大藏省、文部省、法务省、建设省、厚生省、农水省、通产省、运输省、邮政省、劳动省、经济企划厅、科学技术厅、警察厅、总务厅、北海道开发厅、防卫厅、环境厅、国土厅、文化厅、中小企业厅、能源厅、海上保卫厅、气象厅、消防厅等
2	指定地方行政机关（指中央机关派出地方）	管区警察局、财务局、地方农政局、地方运输局、地方建设局、地方医务局、地方邮政局等
3	指定公共事业（即公共事业机构）	日本电信、电话公司、日本银行、红十字会、电力、煤气、运输、通信等 37 个公用事业及公益法人
4	指定地方公共事业	港湾法上的港务局、土地改良法上的土地改良区公共营造物管理者、都道府县域内的电力、煤气、运输、通信等其他公用事业及公益法人

2.3.1.2　组织体系

1. 中央防灾会议

为了建立一元化的防灾体制，《灾害对策基本法》规定设置统一领导机构，中央在首相府成立"中央防灾会议"，内阁总理大臣（即首相）担任主席，内阁秘书长、各防灾关系省首长（国务大臣）、专家学者担任委员，并由首相任命的。中央防灾会议设置专门调查会，负责专门事项调查；并设立干事会，处理相关事务。中央防灾会议的组成、责任如表 2 - 6 所示。

2. 地方防灾会议

《灾害对策基本法》第二章第二节规定设立地方防灾会议。

"都道府县防灾会议"由都道府县知事担任主席，都道府县及中央派驻地方机关、市町村、消防机关、陆上自卫队警备区域方面总监、教育委员会、警察本部长、指定公共机关、指定公共事业分支机构、辖内指定地方公共事业或地方团体的首长、负责人、指派代表担任委员，每年定期召开一次。主要任务包括：制定及推行都道府县地域防灾计划；灾害发生时收集灾情资料；灾害发生时与相关机关采取灾害应急措施，并从事灾害善后处理；制定都道府县紧急灾害应急措施计划；其他依法律所定事项。还要比对中央防灾会报，设置专家咨询委员会，以调查研究都道府县防灾项目内容。

市町村同样也须设置"市町村防灾会议"，制定该市町村地域防灾计划，并推动实施。各市町村也制定共同市町村防灾会议，协商防灾计划是否全部适用或局部适用。

表 2-6　中央防灾会议组织简表

中央防灾会议（《灾害对策基本法》第二章第一节）			问题	内阁总理大臣，防灾担当大臣
会长	内阁总理大臣		答复	
委员	防灾担当大臣 其他的国务大臣 （总理任命全部国务大臣） 内阁危机管理监督 （总理任命）	指定公共机关的代表人，学者 （总理任命） 日本银行总裁黑田东彦 日本赤十字社社长大塚義治 NHK 会长前田晃伸 NTT 执行董事冈敦子 国立研究开发法人土木研究所，水灾害·风险管理国际中心主任研究员太原美保 东京国际大学副校长兼语言交流学部部长小室广佐子 全国知事会危机管理·防灾，特别委员会委员长（神奈川县知事）黑岩祐治 日本消防协会评议员植田和生 受害者健康支援联络协议会会长中川俊男	意见陈述	

专门调查会
防灾对策实行会议（H25.3.26~）

干事会
会长：内阁府大臣政务官 顾问：内阁危机管理监 副会长：内阁府政策统括官（防灾担当），消防厅次长 干事：各府省厅局长级

【作用】
○防灾基本计划、地震防灾计划等的制定及其实施的推进 ○根据内阁总理大臣和防灾担当大臣的咨询，审议防灾相关的重要事项（防灾的基本方针、防灾相关措施的综合调整、灾害紧急事态的布告等）等 ○关于防灾的重要事项，向内阁总理大臣及防灾担当大臣的意见的具体说明

3. 灾害对策本部

都道府县及市町村在辖内全部或部分地区，当发生灾害后，地方行政首长应咨询防灾会议的意见，成立灾害对策本部，就灾害进行迅速且适当的应急措施，指示所属单位做必要的处置。灾害对策本部任务有：综合调整所辖区域内各级防灾机关团体、公共事业防灾应急对策；实施地域防灾计划所定的灾害预防、应急、善后措施；其他依法律或防灾计划所定的事项。

4. 灾后任务分工

《灾害对策基本法》中规范了业务功能划分，使整体救灾行动依据分工，开展多元合作，如表 2-7 所示。

表 2-7 救灾行动任务分工

序号	救灾行动	执行机关
1	信息搜救传达	特定行政机关、地方行政机关、都道府县、市町村、公共机关、地方公共机关，公共团体
2	防灾信号	市町村
3	受灾状况报告	市町村→都道府县→内阁总理大臣
4	发现者通报	发现者→市町村→警察官、海上保安官
5	气象厅警报	都道府县→特定地方行政机关、地方公共机关、市町村
6	出动命令	市町村
7	事前措施、避难指示	市町村、警察官、海上保安官
8	紧急处理	市町村、都道府县、特定行政机关
9	警戒区设定、紧急公共负担	市町村
10	支持要求	市町村→都道府县/其他市町村

从表 2-7 可知，诸多救灾行动都需要市町村参与，如信息搜集传达、防灾信号、受灾状况报告、发现者通报、气象厅警报、出动命令、避难指示、警戒区设定、紧急公共负担、支持要求等，表明市町村层级的防灾活动最为重要也最受重视。

2.3.1.3 应急机制

日本政府灾害处置的决策运作过程是采用中央—都道府县—市町村三级制，各层级在平时都定期召开防灾会议，制定防灾计划并贯彻执行[24]。当重大灾害发生时，内阁总理大臣征询中央防灾会议的意见，经内阁会议通过后设置"灾害对策本部"进行统筹调度，在灾区设立"灾害现场对策本部"以便就近管理指挥；都道府县与市町村层级也设置"灾害对策本部"，各自管辖对应区域。

灾害对策本部、重大灾害对策本部、现场对策本部与各指定行政机关、指定公共事业，在灾后运作如图 2-18 所示。

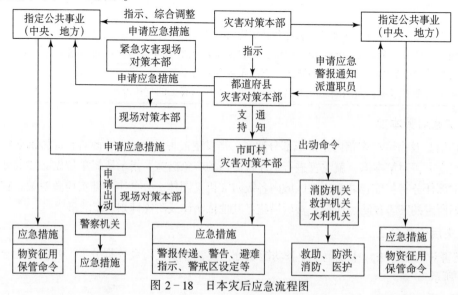

图 2-18 日本灾后应急流程图

2.3.1.4　防灾对策法律

1. 地震及海啸灾害对策相关法律[25]

类型	预防	应急	恢复
地震海啸	**灾害对策基本法** • 大规模地震对策特别措置法 • 海啸对策的推进相关的法律 • 关于在地震防灾对策强化地区 • 关于地震对策紧急整备事业的国家财政上的特别措施的法律 • 关于推进南海海沟地震相关地震防灾对策的特别措置法 • 首都地下地震对策特别措置法 • 日本海沟千岛海沟周边海沟型地震地震防灾对策推进相关特别措置法 • 建筑物耐震改修的促进相关法律 • 关于促进密集市区的防灾街区整备的相关法律 • 关于海啸防灾地区建设的相关法律 • 海岸法	• 灾害救助法 • 消防法 • 警察法 • 自卫队法	<全面的救济援助措施> • 应对严重灾害的特别财政援助等到相关法律 <对受灾者的救济援助措施> • 中小企业信用保险法 • 关于因天灾而受灾的农林渔业者等资金融通的暂定措施法 • 关于灾害吊唁金的支付等的法律 • 雇佣保险法 • 受灾者生活再建支援法 • 株式会社日本政策金融公库法 <灾害废弃物的处理> • 废弃物的处理及清扫相关法律 <灾害恢复项目> • 农林水产业设施灾害恢复事业费国库补助的暂定措施相关法律 • 公共土木设施灾害恢复事业费国库负担法 • 公共学校设施灾害恢复费国库负担法受灾市区复兴特别措施法 • 关于灾后区分所有建筑物的重建等的特别措施法
火山	• 海火山对策特别措置法		<保险共济制度> • 关于地震保险的法律 • 农业保险法 • 森林保险法
风水灾	• 海岸法 • 河川法	• 水防法	
滑坡坍塌泥石流	• 沙土防治法 • 森林法 • 滑坡等防治法 • 防治陡坡崩塌造成崩坏的相关法律 • 沙土灾害警戒区域等 • 沙土灾害防止对策推进的相关法律		<灾害税制相关> • 针对灾害受害者减免租税、延期征收等相关法律 <其他> • 为保护特定非常灾害的受害者的权利利益而制定的特别措施相关法律 • 关于为了防灾的集体转移促进事业相关国家财政上的特别措施等的法律
暴雪	• 暴雪地带对策特别措置法 • 积雪寒冷特别地区道路交通确保的特别措置法		• 关于为了防灾的集体转移促进事业相关国家财政上的特别措施等的法律
原子能	• 原子能灾害对策特别措置法		• 关于大规模灾害复兴的法律

2. 2011 年后中央防灾会议对防灾对策法律的修改

年度	会议	修改内容
2011	H23.4.27	关于迄今为止的地震、海啸对策等
	H23.10.11	关于今后的防灾对策各府省厅的采取情况
	H23.12.29	关于防灾基本计划的修正
	H24.3.29	关于当前的防灾对策的充实和强化的措施方针
2012	H24.9.6	关于防灾基本计划的修正 关于首都圈大规模水灾对策大纲
	H25.3.26	对防灾法制的重新评估，南海海沟大地震对策及首都直下地震对策的讨论状况
2013	H26.1.17	南海海沟地震防灾对策推进地区及指定南海海沟地震海啸避难对策特别强化地区 关于首都地下地震紧急对策区域的指定 关于防灾基本计划的修正
	H26.3.28	关于推进南海海沟地震相关地震防灾对策的特别措施法关系 首都地下地震对策特别措施法关系 关于大规模地震防灾、减灾对策大纲
2014	H26.11.28	关于防灾基本计划的修正
	H27.3.31	关于防灾基本计划的修正 关于首都地下地震的地震防灾战略
2015	H27.7.7	关于防灾基本计划的修正
	H28.2.16	关于活火山对策的综合的推进的基本方向 关于防灾基本计划的修正
2016	H28.5.31	关于防灾基本计划的修正
2017	H29.4.11	关于防灾基本计划的修正
2018	H30.6.29	关于防灾基本计划的修正 关于灾害救助法的部分改正
2019	R元.5.31	关于防灾基本计划的修正
2020	R2.5.29	关于防灾基本计划的修正

2.3.2　机制分析

日本救灾的应急垂直体系比较完善，具有以下特点：

（1）法律体系较为完善，形成了以《灾害对策基本法》为基础的法律体系；灾害的救助与应急法律制度分开，对救助的内容规定更加细致，各灾种应对也有详细的专项法律；建立防灾体制及国库负担制度，并规定了公共事业单位、一般居民等防范参与制度。

（2）实行中央—都道府县—市町村三级制，平时由中央防灾会议、地方防灾会议进行协商；灾害发生时设置灾害对策本部、灾害现场对策本部，分别进行统筹调度和就近管理指挥，地方政府也设置灾害对策本部各种管辖下辖区域。灾害发生后，市町村层级的防灾活动最为重要也最受重视。

（3）重视灾害科技研究，研究课题涵盖灾害发生机制、基础研究、灾害防治、防救灾对策等；具有明确的分类，取得了诸多研究成果；注意城市和社区的防灾科技规划，以地震为主的城市综合防灾规划是世界上其他国家学习的对象。

但其决策过程、组织机构也存在一些不足，表现在：

（1）应急决策的机制过度依赖中央，致使地方政府在应急的组织与能力上出现不足。而中央防灾会议召集人员缓慢，应急反应速度有时滞后。重大灾害发生后，内阁必须首先征询中央防灾会议的意见，再召开内阁会议决议，延误救灾的"黄金时间"。

（2）中央和地方权限模棱两可、含糊不清，地方政府依赖于中央政府。国家与地方政府在责任和费用承担方面不透明，各省厅政策冗杂重叠。

（3）中央、地方防灾会议等处理灾害的重要机构的人员并非专职专责。日本的灾害组织机构可依平时与灾时加以区分。在中央一级，平时由内阁总理大臣召集相关部门以及公共机关共同参与中央防灾会议，制定防灾基本计划与防灾业务计划，由一个事务局专责负责参谋工作；灾害发生时则在中央设置非常"灾害对策本部"。在地方一级，都道府县与市町村的地方首长和相关人士共同参与地区性的防灾会议并制定地区性防灾计划；灾时则设置"灾害对策本部"。

2.4　俄罗斯应急管理体系

2.4.1　决策机制、管理体制及法律

2.4.1.1　总统决策机制

纵向贯通、垂直管理是俄罗斯应急管理体系的框架内核。俄罗斯建立了以总统为核心，以联邦安全会议为决策中枢，以紧急情况部为综合协调指挥机构，联邦安全局、国防部、外交部、情报局等权力执行部门协调配合的垂直型应急管理体系。安全会议下设宪法安全、国际安全、独联体安全等 12 个常设的跨部门委员会，分别负责相关领域的应急管理工作，如图 2－19 所示。

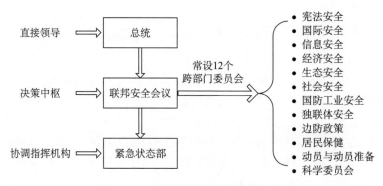

图 2-19 俄罗斯联邦总统决策机制

2.4.1.2 垂直型应急管理机构

俄罗斯在俄联邦、联邦主体、城市和基层村镇等各政府层级均建立起专门的应急管理组织机构，如图 2-20 所示。

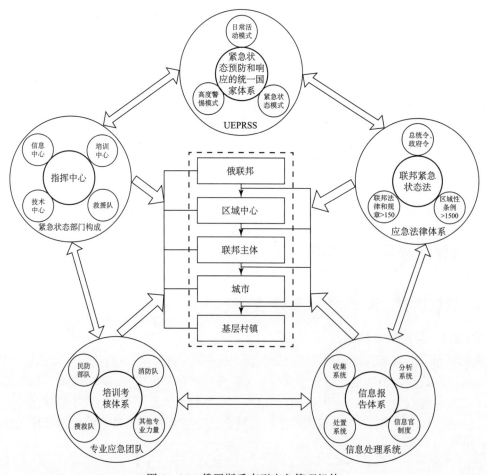

图 2-20 俄罗斯垂直型应急管理机构

联邦层面，俄总统全面领导应急管理工作。联邦安全议会是最高决策和协调机构，由总统任主席，下设宪法安全、国际安全、独联体安全等 12 个常设的跨部门委员会，分别负责相关领域的应急管理工作[26]。

联邦主体和地方层面，俄联邦主体政府和地方政府负责本地灾害事件的预防和处置，一般灾害事件分别由相应的政府主管职能机构负责。遇到较大灾害事件，俄紧急情况部的地区中心会提供紧急帮助，或者直接由地区中心进行应急处置。

在紧急情况部的直接领导下，为了强化紧急状态部的核心地位与权威领导，在俄联邦下设立了八个"区域中心"，分别管理下属各联邦主体的紧急管理局。八个地区中心分别负责所辖地区重大灾害事故的预防和处理，向州和地方的灾害管理提供各种帮助。应急救援区域中心的职能是协调国家管理机关、民防机关和军事指挥机关的民防活动，辖区范围大体上与武装力量军区一致，由紧急情况部下属的区域分支机构管理。各层级的应急管理机构又下设指挥中心、救援队、信息中心、培训基地等管理和技术支撑部门，负责具体实施应急任务环节，与预防和应对体系相互配合。

地方的紧急救援机构按行政区域逐级分设，并受所属区域中心管理，全国实际形成了五级（组织层级、地方层级、地区层级、大区层级和联邦层级）应急管理体制机构，逐级负责，垂直管理。这种垂直管理的应急体系基本覆盖了俄罗斯联邦的各个行政区划，形成了横向有协调、纵向能贯通的全疆域应急管理架构。

2.4.1.3　信息预警体制

2006 年，俄罗斯紧急情况部、内务部和联邦安全局共同创建了全俄人口密集人群信息和预警综合系统（ОКСИОН）。主要任务是在人员密集地区，及时向民众提供突发事件信息，以提高民众应对紧急情况的能力；提高民众的安全意识；监测人员密集场所的状况和公共秩序。该系统由终端设施组成，主要安装在地铁、车站、街道和超市等人口密集地点，可以在紧急状况时提供信息支持。

截至 2019 年，这一系统已在全俄 50 多个地区建立了 44 个信息中心、668 个终端设施，提供的信息可以覆盖到全国 7000 多万人。整个系统由全俄信息中心（ФИЦ）进行统一管理。这一套信息和预警系统堪称世界上唯一的 24 小时紧急情况预防和预测机制，可实现全天候实时监测和预报，并及时更新信息数据。该系统涵盖了四种应急机制：

（1）常态机制负责制定一般性紧急事件的处理预案、对周围环境进行监测、对危险目标进行监控以及进行相关人员的应急培训等；

（2）预警机制着眼于对可能发生的紧急事件预做准备，例如，提前储备紧急情况下使用的食品、药品和其他相关应急物资等；

（3）应急机制负责在紧急情况发生后及时高效地启动程序，进行疏散、搜寻和营救，并提供紧急医疗服务，执行各项应急保障任务，信息中心能够对灾害信息进行快速分析处理、利用各类视频声频终端进行高效传输，使民众在最短时间内接收到应急预警信息，大大提高了灾害情况下信息传送的有效性；

（4）灾后机制负责在灾后向受灾民众传达相关信息，并通过社会心理康复中心提供精神和心理支持。

当然，俄罗斯应急预警系统也存在一些不完善之处：例如，现有的信息和预警系统集中安装在大城市，而广大农村地区不仅缺乏基本的自动预警系统，当地的硬件设施和技术水平也难以达到现代应急信息的传播要求，而国家对地区开发和推广应急预警系统的资金支持也不到位。另一方面，民众对紧急情况及应对方式常识的了解程度普遍较低，在出现紧急情况时往往无所适从。

2.4.1.4　培训教育体系

俄罗斯历来重视应急专业人才的培养、培训，拥有国家科学院、医学科学院及多所专门的院校。

俄罗斯国家科学院是俄罗斯联邦的最高学术机构，主导全国自然科学和社会科学基础研究，是目前世界上最具领导地位研究机构之一，该科学院的诸多研究所所做的是世界级的基础研究。俄罗斯科学院下设 3 个分院、13 个学部和 15 个地区科学中心，约 500 多个科学机构，包括研究所、科学中心、天文台、植物园、图书馆、档案馆、博物馆等等，有工作人员约 5.5 万名。俄罗斯科学院基础研究集中在特定的研究计划，用以解决各种领域尖端问题。

俄罗斯医学科学院继 1944 年苏联时期成立的"苏联医学科学院"，学院除本身积极进行医学研究外，也负责协调并参与评审那些与健康及环境科学及经济社会研究计划，同时向政府提供这些领域有关的建议。

紧急情况部下属有全俄民防与紧急情况研究所、民防学院、消防学院、圣彼得堡国立消防大学、乌拉尔国立消防学院、伊万诺沃消防救援学院、西伯利亚消防救援学院等院校以及 21 个地区消防培训中心。这些学校为俄罗斯的紧急情况部及其他相关单位培养了大批专业人才，并在教学科研中积累了雄厚的技术储备。除消防救援类院校外，紧急情况部还下设有全俄急救和放射医学中心。

2.4.1.5　应急法律体系

完善的立法体系是俄罗斯政府开展应急管理工作的重要支撑。1994 年至今，俄罗斯通过了一系列旨在保障国家和公民免遭各种自然和突发性公共灾害的威胁和侵害的法律法规和行政条例，包括《关于保护居民和领土免遭自然和人为灾害法》《事故救援机构和救援人员地位法》《工业危险生产安全法》《公民公共卫生和流行病医疗保护法案》《联邦公民流行病防疫法》《公民卫生和流行病福利条例》《俄罗斯联邦反恐怖活动法》等一系列法律文件，构成了俄罗斯应急管理领域的法律体系。

2001 年俄罗斯还专门通过了宪法性法律——《俄联邦紧急状态法》，专门应对"发生事故、危险自然现象、自然灾害或者其他灾难时所引发的传染性流行病和动物流行病"，该法规定了在俄实行紧急状态时"俄罗斯联邦公民、外国公民、无国籍人的权利与自由"，对"各组织和社会团体的权利进行个别限制，同时给予他们其他附加义务"。

此外，俄罗斯还于 2016 年以总统令的形式批准了《2030 年前民防领域国家政策基本原则》，明确规定了俄罗斯 2030 年前在该领域国家政策的目标、任务、优先事项和落实机制。

经过多年的发展，俄罗斯已经形成了较为完备的应急管理法律体系，以《联邦紧急状态法》为根本大法，其他 150 多部联邦法律和规章、1500 多个区域性条例以及大量的总统令、政府令为具体规定的应急法律体系，成为开展应急管理行动的制度依赖。

2.4.2　紧急状态预防和响应的统一国家体系 UEPRSS

1994 年，俄罗斯联邦立法机关通过了联邦共同体应急管理法案，建立了俄罗斯联邦紧急状态预防和响府统一国家体系（Unified Emergency Situations Prevention and Response State System，简称 UEPRSS），以抵御联邦共同体领土范围内发生的自然灾害和技术性灾害。

UEPRSS 系统负责国家社会平时对灾害的预防、应急以及灾后的复原工作，这决定了对该组织的两个基本要求：第一，要能完全涵盖关于紧急应急政策的执行、功能、相关单位及决策各个层面。第二，其组织架构必须由上至下完全配合，以彻底执行灾害处理的计划和基层活动[27]。UEPRSS 包括管理机构、联邦执行机构、俄罗斯联邦主体的行政机构、地方自治政府以及其他的相关组织。其主要任务是：编制跟人民保护有关的法律和经济规则；指导人民如何在突发情况下采取行动；预测突发事件；评估与消除灾难等会造成的社会经济影响；监督和保护人民和地区方面的工作；保护人民和地区方面的国际合作；突发事件的消除等。俄罗斯紧急情况部是国家应急管理体系的主要执行机构。

UEPRSS 系统包括 2 个子系统：领土子系统和功能子系统；3 种操作模式：日常活动模式、高度警惕模式和紧急状态模式；7 个区域中心以及一个完整的信息化管理系统，如图 2-21 所示。

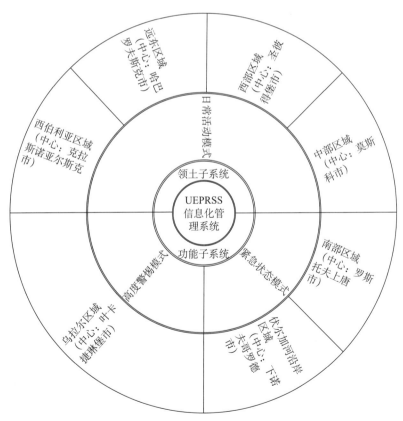

图 2-21　UEPRSS 系统组成示意图

1. 子系统

领土和功能子系统共有 5 个级别：联邦、区域、地区、地方和站点级别。联邦一级，覆盖整个俄罗斯联邦境内；区域一级，涵盖俄罗斯联邦境内的几个主体；地区一级，涵盖俄罗斯联邦境内的一个主体；地方一级，涵盖俄罗斯联邦境内的一个区域（市，定居点）；站点一级，涵盖俄罗斯联邦境内的生产或社会活动中某个具体场所。

UEPRSS 领土子系统的建立是为了在联邦主体的领土内预防和消除突发事件。该子系统按照这些领土（区，市等）各自的行政区划形成单位，以联邦主体的紧急委员会作为协调机构，目前已在俄罗斯联邦主体内建立了 88 个领土子系统。UEPRSS 的功能子系统的建立则是为了组织、监测和控制自然现象，环境状态和潜在的危险物质。所有 UEPRSS 的子系统都包括：协调机构、民防与突发事件管理机构、日常管理机构、资源、财政和物质资源的储备、通讯、预警和信息支持系统。

2. 操作模式

按照情况的复杂性，预测的或已发生的突发事件的规模，UEPRSS 共有三种操作模式：日常活动模式、高度警惕模式和紧急状态模式。在各个操作模式中，UEPRSS 的主要任务如表 2 - 8 所示。

表 2 - 8　三种操作模式的主要任务

序号	模式	主要任务
1	日常活动模式	（1）监测和控制地区的总况及周边的潜在危险建筑物； （2）规划和执行相关的有针对性的科学技术方案与措施； （3）提高 UEPRSS 执行和管理机构采取行动的能力； （4）教导人民自我保护的方法和知识； （5）开发并补充财政和物质资源的储备； （6）实施有针对性的保险
2	高度警惕模式	（1）有关委员会直接进行应急管理，必要时在现场确定原因并提出建议，形成运营团队； （2）加强值班调度服务； （3）加强监测和控制地区的总况及周边的潜在危险建筑物； （4）预测突发事件发生的可能性与其规模； （5）采取保护居民和环境的措施，保持设施可持续经营； （6）进入准备状态，确认行动计划，必要时，前往突发事件会发生的区域
3	紧急状态模式	（1）安排保护居民的行动； （2）救援队及其他组织前往突发事件已发生的区域； （3）组织应急响应活动； （4）划定紧急状态的区域； （5）首先安置受灾难影响的居民，安排、保持经济设施可持续经营的工作； （6）不断地实施该紧急区域的环境和应急设施的状态监测

3. 区域中心

UEPRSS 体系运作的区域一级共包括 7 个区域中心，分别为：西北（圣彼得堡市）、中部（莫斯科市）、南部（罗斯托夫上唐市）、伏尔加河沿岸（下诺夫哥罗德市）、乌拉尔（叶卡捷琳堡市）、西伯利亚（克拉斯诺亚尔斯克市）、远东（哈巴罗夫斯克市）。

4. 信息化管理系统

UEPRSS 的信息支持为一个完整的信息化管理系统，其中包括：俄罗斯紧急情况部的危机情况管理中心；联邦执行结构的信息中心；区域信息和控制中心；联邦主体的民防与突发事件管理结构的信息与控制中心；城市和地方当地民防与突发事件管理结构的用户设施；相关组织的信息中心以及通信和传递数据的方式。

UEPRSS 对灾害与紧急事件的应急处理和控管程序，相当类似于许多发展中国家的危机处理方式。它发挥了最大的效用来救人、处理原料危机和保护环境。具体来说，紧急应急处理范围也涉及社会经济和环境危机的调整。当灾情愈演愈烈并转为重大事件时，UEPRSS 所牵扯的领域就更为广泛。

在长期实践过程中，俄罗斯紧急情况部已逐渐转变成俄联邦政府民防、自然灾害危机处理的专业协调指挥机构，也成为国家设置灾害紧急应急系统的新的开端，UEPRSS 也转换为俄罗斯联邦预防和消除紧急情况的统一国家体系（USEPE）。

2.4.3　紧急情况部

2.4.3.1　组织结构

俄罗斯主要负责应急管理的行政机构是紧急情况部，全称为俄罗斯联邦民防、紧急情况和消除自然灾害后果部。该部通常被视为俄罗斯的"强力部门"之一，在政府机构中有着十分特殊的地位。紧急情况部的前身是 1990 年成立的俄罗斯救援队。1991 年，这一组织根据叶利钦的命令被改建为非常状况国家委员会，绍伊古被任命为委员会主任。同年，该委员会与隶属于国防部的苏联民防司令部合并，成立了俄罗斯联邦民防事务、紧急情况和消除自然灾害后果国家委员会，接受俄罗斯总统的领导。这一委员会的成立，表明俄罗斯政府意识到和平时期和战时紧急状态下的社区和地区保护是国家政策中相对独立的重要领域。1994 年，该委员会更名为紧急情况部，成为俄罗斯联邦政府的组成部门。2002 年，俄罗斯国家消防部门从内务部整体划出，成为紧急情况部的下属部门。

紧急情况部内设 14 个职能部门、11 个局、8 个区域中心和 4 个专门委员会[28]，具体如图 2-22 所示。现有工作人员 30 万人，其中 22 万人来自其下属的消防局，紧急情况部在俄罗斯所有联邦主体设立了办事处，此外，克里米亚共和国和塞瓦斯托波尔市也设有紧急情况部的办事处。

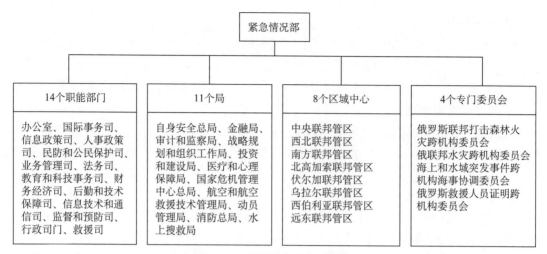

图 2 - 22　紧急情况部组织结构

　　紧急情况部的主要任务是制定和执行民防领域的国家政策，保护居民和领土免受紧急情况的影响，保障消防安全，保障水路安全。其基本功能包括制定预防紧急情况的科学和技术方案，准备预防和处理紧急情况的力量和手段，持续地风险监测和分析，在紧急情况下对民众进行培训，预测和评估紧急情况的后果，持续地更新和保障财政和物资供应，提供有效的安全标准并对有风险区的企业和公共场所进行检查，消除紧急情况的后果，对受紧急情况影响者提供社会保护措施，进行相关国际合作。

2.4.3.2　专业队伍

　　紧急情况部下辖有多支专业队伍，如搜救队、消防部队、民防部队、航空救援队等。搜救队专门负责发生灾害时的一般搜救工作，总人数近 2 万人，在各地方设有 58 支分队，还有近万人的"大学生搜救队"作为国家搜救队的后备力量。消防部队总人数达 22 万的，由军事化消防部队、地方专职消防队和志愿消防队三部分组成。航空救助队有雇员 12500 余人，飞机 70 余架，并在全国设有 8 个航空中心。俄联邦国立水下紧急情况救助研究所则组建于 2001 年，负责对俄联邦内水和领海的水下关键基础设施采取预防措施和施行紧急救援，在船舶遇险时进行搜救行动等。另有小型船只救援队、心理医疗救助队专业救援力量。

　　此外，紧急情况部还掌握有军事化的救援部队，由现役军人和非现役人员组成。根据2015 年新发布的总统令，其中现役军人 9782 人，非现役军人 14668 人。军事化救援部队的任务是保护公众，领土、财产免受军事行动或自然、技术灾难的威胁，并可以在海外开展行动。其具体职能包括在灾难地区开展救援；识别和标记辐射，化学和生物污染区域，并在上述区域保护平民，对人员、设备、建筑物进行洗消和净化；恢复灾难地区的受损物，恢复通讯，提供人道主义援助，保护重要建筑、物资；对森林和泥炭大火进行定位和扑灭。编制上编为独立机械化旅、团、营，机动分队，独立专业营、工程技术营和其他营；在市、区和工程项目中组建有非现役的民防组织，分为地区性民防组织和项目组织。俄罗斯在地方的民防组织机构按行政领导体制逐级分设，直至居民点一级。在战时，他们处于民防系统的控制之下，任务由俄罗斯总统下达。此外，紧急情况部还可向俄罗斯联邦国防部或俄罗斯国民卫队

（原内务部队）请求协助。

2.4.3.3　研究教育机构

紧急情况部下属有全俄民防与紧急情况研究所、民防学院、消防学院、圣彼得堡国立消防大学、乌拉尔国立消防学院、伊万诺沃消防救援学院、西伯利亚消防救援学院等院校以及21 个地区消防培训中心。

全俄民防与紧急情况研究所（ВНИИГОЧС）成立于 1976 年，最初是根据苏共中央委员会和苏联部长会议的命令成立，目的是研究提高战时国民经济运行稳定性的问题，1992 年12 月 29 日，根据俄罗斯联邦政府命令，成为俄罗斯联邦民防事务、紧急状态与消除自然灾害部的主要科研机构，2002 年成为联邦科学与高技术中心。该研究所是独联体国家中保护公民和领土免受自然和人为灾害影响的重要科研机构。研究所下设 9 个科研中心、1 个编辑出版中心和 1 个多媒体技术中心，同时负责消除切尔诺贝利事故影响的科研工作。

民防学院的经费从联邦军事预算中列支，主要负责培养民防系统的行政和技术人员，并且拥有研究生培养权限。

国立消防学院是俄罗斯紧急情况部系统的主要高校，成立于 1933 年，校内设有 25 个教研室和消防问题组织与管理中心、自动化系统和信息技术中心、火灾事故救援技术中心、燃烧过程与生态安全中心、消防中心和建筑业消防安全中心等 8 个教学科研一体化中心。该校主要培养高层次的消防安全专家，并同时承担消防和自然、人为灾害防治领域的科学研究工作。圣彼得堡国立消防大学、乌拉尔国立消防学院、伊万诺沃消防救援学院、西伯利亚消防救援学院等院校主要着眼于消防救援人员的培养，拥有较为完整的本科和职业教育体系。其中，圣彼得堡大学还拥有博士研究生培养权限及自己所属的武备中学。这些学校为俄罗斯的紧急情况部及其他相关单位培养了大批专业人才，并在教学科研中积累了雄厚的技术储备。

除消防救援类院校外，紧急情况部还下设有全俄急救和放射医学中心。该中心成立于1997 年，前身是全俄生态医学中心，是一家集诊治、科研与教学功能于一体的联邦级预算单位，主要职能是为受辐射事故、人为灾害和自然灾害等影响致病的患者提供医疗服务，主要从事放射医学、放射生物学、职业病学等领域的基础和应用研究，并承担医学教学和其他医师资格的教学和进修工作。除医疗职能外，该中心还承担了对事故、灾难和自然灾害的受害者进行登记、统计和动态监测的工作，并需要组织专家调查事故和灾害与相关疾病之间的因果关系。中心还负责管理紧急情况部医疗登记系统，这是一个多级部门信息分析系统，该系统对紧急情况部救援人员的社会地位、健康状况和个人专业活动进行综合评估，以协助管理决策。

2.4.4　预防和消除紧急情况的统一国家体系（USEPE）

2.4.4.1　构成和运作

俄罗斯联邦 1995 年 11 月 5 日颁布第 1113 号政府令，建立"俄罗斯联邦预防和消除紧急情况的统一国家体系（USEPE）"，作为紧急情况部的重要工作机制。这一机制在俄罗斯紧急情况预防与行动体系 UEPRSS 的基础上组建而成，综合了联邦、联邦主体和地方自治机构的力量和资源，其主要目标是预警紧急情况的发生并减少其带来的损失以及消除紧急情况。该体系包括 89 个州、1000 个城市化区域和大城市以及超过 2200 个位于偏远地区的城镇和乡村，成立了 576 个应急管理委员会，使得俄罗斯危机预警能力和处理应急安全事务的能力得以大幅提升。形成了覆盖各个行政区划单位，促进全俄形成组织、地方、地区、区域直至联邦的层级鲜明、纵向贯通、自上而下、垂直统一的应急管理体系。

USEPE 包含了五个基本的层级，包括以下内容：

（1）组织，是指企事业单位、研究机构其他组织等；

（2）地方，是指行政区城邦或者城镇；

（3）地区，是指俄联邦各实体，联盟；

（4）区域，指相邻两个俄罗斯联邦实体；

（5）联邦，指超过两个以上的联邦实体或者把整个国家的版图作为一个整体。

每一层级均包括协调机构——紧急情况与消防安全委员会，常设管理机构——民防与紧急情况管理机关，日常管理机构——危机控制点（中心）、值勤部门，常规力量与资源，财政和物质资源储备，通信、警报和信息支持系统。

协调机构负责指导战略和战术的编制，这些战术主要是针对预防灾害和应急响应，包括发展和制定联邦和区域应急响应程序和计划。也负责管理这些程序的具体实施，以确保工业管理部门所做的准备工作是有效的、可靠的，整个地区的预警和应急响应系统是完善的，以便灾后的协调和恢复工作。

联邦一级与 USEPE 相对应的组织有：联邦各个实体中负责应急救援和应急响应的委员会，代理部长，联邦政府部门的负责人，以及国家负责应急管理事务的委员会，所有这些都由俄罗斯联邦总统领导。区域一级 USEPE 的任务是由紧急状态部分布在全国的指挥中心来承担的，指挥中心分别位于莫斯科、圣彼得堡、顿河罗斯托夫、萨马拉、叶卡塔琳娜堡等城市。

与 UEPRSS 类似，USEPE 的功能分三个基本运作阶段：日常准备阶段、预警阶段、应急阶段。各阶段的运作程序如下：

1. 日常阶段

制定生活社区里日常所能遇到的紧急事件的处理预案，例如一些小的突发事件以及一些不会破坏通讯和造成重大损失的骚乱对周围环境的监测和对危险设施的监控，处理意外事件的应急计划，设立并增加应急救援服务基金，应急救援人员的培训和公共信息支持等等，这些都是贯彻实施运作程序的重要措施。

2. 预警阶段

拟定 USEPE 的子系统和它的基本功能，在紧急事件发生前应进行的准备工作。例如，化学药品和其他的救援物质都应该提前准备好，随时为应急救援服务。

3. 应急阶段

USEPE 的组织构成，主要是在事故发生之前以及事故期间和事故后立即采取的行动。目的是通过发挥预警疏散、搜寻和营救以及提供医疗服务等紧急事务功能，使人员的伤亡和财产损失减少到最小，尽可能地减缓和消除事故对社会和环境的影响。

在应急响应时，受灾地区的市长和当地的管理人员就会向区域紧急情况指挥中心请求援助,增派应急救援力量和救援技术支持。如果情况很复杂,仅仅依靠一个救援中心的力量难以处理,他们就会向位于莫斯科的国家紧急状态部以及民防部请求支援,也会向临近地区请求援助。一旦发生的紧急情况超出了紧急状态部的处理能力或者达到最危险的国家级的应急响应状态,俄罗斯联邦的总统可能会做出决定,动用军队以及其他可以利用的大型组织,在尽可能短时间内高效的处理出现的紧急情况。

2.4.4.2　国家危机管理中心

紧急情况部的国家危机管理中心成立于 2008 年,共有约 1000 人,是国家预防与消除紧急情况统一体系的指挥和控制中心,在危机期间管理与整合国家体系和各级民防单位的人力、器材和其他资源。

国家危机管理中心直接管理各地区的危机管理中心,共设有 85 个主要办事处和 8 个按联邦区设置的地区中心,以及应急响应、运作分析、信息处理等分中心,形成了完备的指挥应对体系。旗下包括全俄紧急情况监测和预报中心、海上统一信息系统、全俄综合通报和预警系统、全俄消防科学研究所下属的技术紧急情况与灾难情况和数学建模中心等。

中心得到了俄联邦总统、政府的明确授权,在实践中形成了全国统一的管理体系,能够及时有效开展各种应急监测预测、组织信息共享、实施调度管理和预防应对,在有效消除灾害事故和重大突发事件中发挥着不可替代的作用。在紧急情况下,中心可动用的财政和物质资源包括:俄联邦政府用于预防和消除紧急情况的储备基金,国家用于消除紧急情况的应急物资储备,联邦行政机关物资储备,俄罗斯联邦主体、地方自治机关和机构的财政和物资储备。相关财政和物资储备的建立、使用和补充按照俄罗斯联邦法律、联邦主体和地方自治机构的法律规范执行,其名称、数量、创建、储存、使用和补充则由创建机构确定。

俄罗斯国家预防与消除紧急情况统一体系垂直领导、集中决策、协调行动的管理模式,有效加强了中央与地方在紧急情况出现的情况下应急管理的衔接,提升了紧急状态和突发事件时国家和社会力量的整合与联动效率。

2.4.5　机制分析

俄罗斯逐渐形成了以紧急情况部为核心平台,以联邦安全会议为主要决策机制,包括预警体系、法律体系、培训教育体系的应急管理体系。俄罗斯应急管理的特点有:

(1) 总统决策,垂直型管理。俄罗斯应急管理体制以总统为核心,联邦安全会议为平台,紧急情况部为主力,资源集中于中央,在应急响应中实行依靠国家行政管理体系的垂直管理。各种应急管理机构职责分明,各个部门之间能够相互协调,能够相互救援。

(2) 依法进行突发事件应对,各种机构和计划依法建立。如果某种突发事件出现,相应的应急管理系统可以立即自行启动,无须哪一级行政部门专门赋予相应的权力。同时,每种危机管理的最高管理权仍然收归总统,当某种应急情况超过几个一定的地区领域地理范围或国家领域地理范围时,总统将进行最终管理。

(3) 建有较完备的信息收集、处理体系。先后构建了 UEPRSS、USEPE 体系,建设了国家危机管理中心、全俄信息中心,以及分布全国区域的应急响应、运作分析、信息处理等分中心,创建了全俄人口密集人群信息和预警综合系统,可实现全天候实时监测和预报,并及时更新信息数据。

高度集中统一的垂直型管理体制也存在一定的缺点，主要体现在：

（1）与日本类似，地方政府主观能动性和可以调集的资源严重不足。由于担心受到上级指责，地方官员往往不愿作出独立决定，消极等待来自上级和中央层面的命令。

（2）信息预警系统未全覆盖。紧急情况部较为依赖地方，为地方瞒报、缓报、少报灾害及其后果提供了空间，为正确应对灾害产生不良影响。由于俄罗斯大部分地区人口密度低，现有的信息和预警系统主要集中安装在大城市，未实现全覆盖；且系统的硬件设施和技术水平尚未达到现代应急信息的传播要求。

2.5　我国抗震救灾指挥机构

2.5.1　不同时期组成架构

国务院抗震救灾指挥部自 2000 年成立以来，在国务院的统一领导下，各成员单位履职尽责、分工合作、相互配合，平时做好地震应急救援准备，震时形成合力，共同高效开展抗震救灾工作。有效应对了汶川地震、玉树地震、芦山地震等重特大地震灾害事件，为保护人民生命财产安全、最大限度减轻地震灾害损失发挥了重要作用。

成立以来，国务院抗震救灾指挥部进行了四次较大调整，特别是 2018 年党和国家机构改革后，有较大的调整。2018 年，按照中央深化党和国家机构改革决策部署，根据工作需要和人员变动情况，国务院决定，对国务院抗震救灾指挥部组成人员作相应调整。将国务院抗震救灾指挥部办公室设在应急管理部，承担国务院抗震救灾指挥部日常工作。对比 2003～2021 年国务院抗震救灾指挥部组成架构的变化情况，以 2021 年的组成架构为基础，将 2021 年、2018 年、2013 年、2003 年的组成架构情况进行了整理，如图 2-23a～d 所示。

图 2-23 可以按不同时期进行对比，（a）、（b）为党和国家机构改革之后的组成，从中可以看出，2021 年与 2018 年相比，有以下变化：

（1）去除 1 个成员单位，武警部队；

（2）更名 1 个成员单位，即中国铁路总公司更名为国铁集团；

（3）新增 8 个成员单位，分别为民政部、人民银行、市场监管总局、网信办、移民局、林草局、邮政局、文物局。

经过上述变化后，2021 年国务院抗震救灾指挥部成员单位共计 44 个，比 2018 年的 37 个多了 7 个。

2018 年与 2013 年相比，首先由于党和国家机构改革，国务院部门发生了新建、组合、撤销的变化，反映到国务院抗震救灾指挥部，主要的变化有：

（1）新成立应急管理部，统筹灾害应急救援职能，撤销了安全监管总局；

（2）新成立文化和旅游部、银保监会，撤销了旅游局、保监会；

（3）新增粮食与储备局、中国红十字会总会；

（4）撤销了质检总局、新闻办、海洋局、测绘地信局；

（5）民政部没有出现在 2018 年成员名单，2021 年作为成员单位出现；

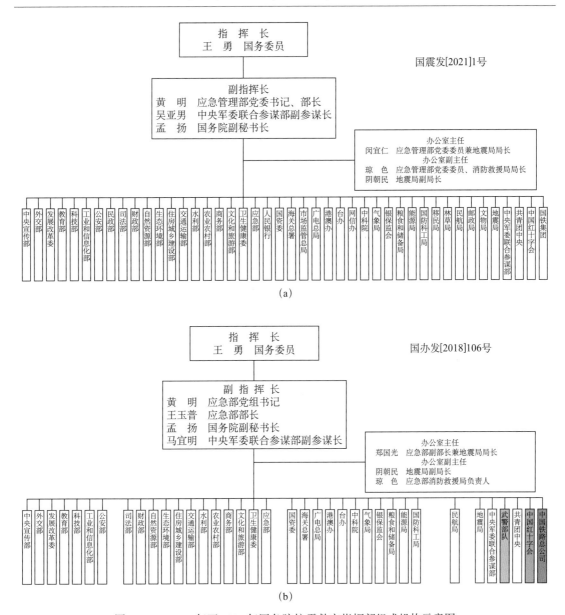

图 2-23 2003 年至 2021 年国务院抗震救灾指挥部组成机构示意图
（a）2021 年国务院抗震救灾指挥部组成（国震发〔2021〕1 号）；
（b）2018 年国务院抗震救灾指挥部组成（国办发〔2018〕106 号）

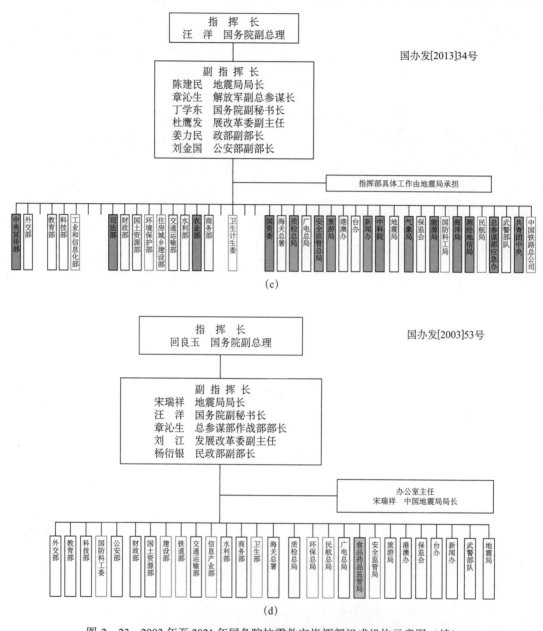

图 2-23　2003 年至 2021 年国务院抗震救灾指挥部组成机构示意图（续）

（c）2013 年国务院抗震救灾指挥部组成（国办发〔2013〕34 号）；

（d）2003 年国务院抗震救灾指挥部组成（国办发〔2003〕53 号）

（6）有些成员单位进行了更名，如自然资源部、生态环境部、农业农村部、卫生健康委。

经过对比，2018 年、2013 年国务院抗震救灾指挥部成员单位都是 37 个，但从组成结构上经过了优化，更有利于灾害应急管理、协调。

2.5.2　协调制度

2000 年，国务院抗震救灾指挥部成立，建立联席会议制度，国务院办公厅印发《关于成立国务院抗震救灾指挥部和建立国务院防震减灾工作联席会议制度的通知》（国办发 [2000] 17 号）。

文中指出，为了进一步加强防震减灾工作，提高对破坏性地震的应急反应和指挥能力，各地区、各部门特别是地震重点监视防御区要在认真制定地震应急预案的基础上，建立、完善应急指挥体系，组织到位，人员到位，措施到位。依照《中华人民共和国防震减灾法》《破坏性地震应急条例》和《国家破坏性地震应急预案》：

国务院决定成立国务院抗震救灾指挥部和建立国务院防震减灾工作联席会议制度，办公室设在中国地震局，按有关规定履行职责。

按照联席会议制度，国务院抗震救灾指挥部每年年初都会召开国务院防震减灾工作联席会议，总结回顾上一年防震减灾工作，分析研判地震活动趋势，研究部署下一年主要工作任务。会后印发会议纪要，向各省、自治区、直辖市人民政府，新疆生产建设兵团，国务院抗震救灾指挥部成员单位印发年度地震趋势和进一步做好防震减灾工作的意见，并将年度防震减灾工作重点任务分解方案印发各指挥部成员单位。这一会议机制对部署每年防震减灾工作有重要意义，发挥了重要作用，有效地指导协调地方和各成员单位落实责任，提高防震减灾能力。

除联席会议外，国务院抗震救灾指挥部还会举行多种形式的会议，如全体会议、紧急会议、专题会议、联络员会议等，以完成各项任务、促进成员单位间的交流。

2.6　小结

联合国 INSARAG 协调机制实现了平时到震后的衔接过渡，建立了以现场行动协调中心为枢纽的震后协调机制，可以实现灾害信息在全球范围的迅速共享。但其协调体系不具有强制效力且尚未普及，震后救援、协调在需要受灾国政府支持，自身不具备完全应对大震巨灾的能力。

美国建立了联邦、州、市县地方政府三级防灾机构，形成了以联邦应急管理署为核心的应急管理体系。制定国家减灾规划框架，按时间进程划分了灾害事件应对各主体的责任、能力及相互间协调关系；提供了不同主题应对灾害的标准化管理方法。但联邦政府与州政府的合作需事先确立方式，且双方在经费、责任上不对等；各州政府之间的横向衔接、协调比较困难。

日本实行中央—都道府县—市町村三级制，形成了完善的法律体系，重视灾后市町村层级的防灾活动。但其应急决策过度依赖中央，反应速度有时滞后；中央和地方权限模棱两可，在责任和费用承担方面不透明，中央各省厅政策冗杂重叠。在东日本大地震核事故和灾害管理应对方面，都出现了指挥系统混乱，作为信息枢纽的危机管理中心未真正发挥作用，信息传达共享不到位的问题。

俄罗斯建立了以总统为核心，联邦安全会议为平台，紧急情况部为主力，以预防和消除紧急情况的统一国家体系作为紧急情况部的工作机制，以危机管理中心作为不同级别的指挥体系中心，形成了覆盖各个行政区划单位、层级鲜明、纵向贯通、自上而下、垂直统一的应急管理体系。但同样导致地方政府主观能动性差、灾害应对资源不足，并且预警系统覆盖率、现代化程度还需提高，以更好地实现全面积、全人口的信息收集、传输需求。

我国随着应急管理部的成立，逐步实现有单灾种到全灾种、大应急的转变，形成统一的灾害综合协调、指挥体系。开始建设"一张图"等综合性信息系统，集中展示、调配区域、国家应急资源，提高应急响应效率。修订法律法规，为突发事件应对提供法律保障。

第3章 地震应急响应案例

本章介绍几次典型地震的应急响应，主要梳理、研究地震发生后指挥体系的建立，国家、省、市、县几级抗震救灾指挥机构的成立、内设机构、应急响应流程。国内地震选取了3次，每次地震造成的人员死亡、失踪人数属于不同的量级，如 2008 年四川汶川地震为死亡、失踪人数超过万人的特大地震；2010 年青海玉树地震为死亡人数超过 2000 人的特大地震；2013 年四川芦山地震为死亡人数接近 200 人的特大地震。国外地震选取了 2010 年东日本大地震，该地震为死亡超过万人的特大地震，且造成了严重的核事故次生灾害。通过上述地震应急响应案例中各级指挥机构应急响应的分析，提出了指挥协调、信息共享方面的不足。

3.1 2008 年四川汶川 8.0 级地震

2008 年 5 月 12 日 14 时 28 分，四川省汶川县（北纬 31.0°，东经 103.4°）发生 8.0 级特大地震（12 日速报 7.8 级，18 日修订为 8.0 级），最大烈度达 XI 度（11 度），波及四川、甘肃、陕西、重庆等 10 个省（自治区、直辖市）417 个县（市、区）。灾区总面积约 50 万平方千米，受灾群众 4625 万多人，造成 69227 人遇难、17923 人失踪[29]。地震发生后，中共中央总书记、国家主席、中央军委主席胡锦涛立即作出重要指示，要求"尽快抢救伤员，保证灾区人民生命安全"。国务院当即成立以中央政治局常委、国务院总理温家宝为总指挥的国务院抗震救灾总指挥部；中共中央政治局委员、国务院副总理回良玉致电中国地震局，要求立即启动国家地震应急预案一级响应。中央军委迅速启动应急机制，全力投入抢险救援。

3.1.1 指挥体系

3.1.1.1 国家级、省级指挥部

汶川特大地震中，形成由国务院抗震救灾指挥部，受灾省、市、县、乡级政府应急指挥部构成的应急组织指挥体系，如图 3-1 所示。

国务院抗震救灾总指挥部于 5 月 12 日下午，在飞往灾区的飞机上，由国务院总理温家宝宣布成立，设立 8 个抗震救灾工作组，协调指挥抗震救灾工作。5 月 18 日增设水利组，共 9 个工作组，5 月 23 日增设灾后重建规划组，如图 3-2 所示。抢险救灾组由总参谋部牵头，群众生活组由民政部牵头，地震监测组由地震局牵头，卫生防疫组由卫生部牵头，宣传组由中宣部牵头，社会治安组由公安部牵头，水利组由水利部牵头，基础设施保障和灾后重建组由发展改革委牵头[30,31]。

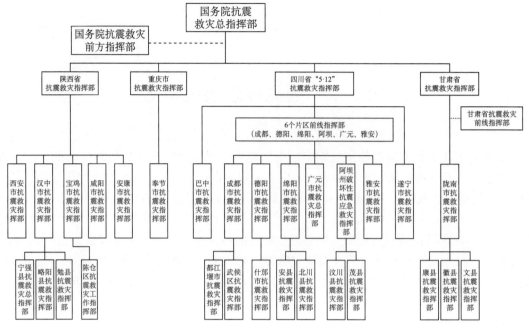

图 3-1　汶川地震政府应急组织指挥体系 *

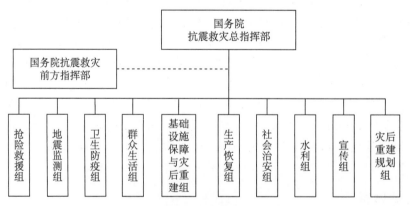

图 3-2　汶川地震国务院抗震救灾总指挥部工作组

　　5 月 12 日，四川省成立 "5·12" 抗震救灾指挥部，下设 7 个工作组：总值班室、医疗保障组、交通保障组、通信保障组、水利监控组、救灾物资组、宣传报道组。5 月 16 日后，设立了 10 多个专业组，应急职责打破部门界线，统一分组，统一调动指挥，各职能部门选派有力团队进驻总指挥部联合办公[32]。四川省 "5·12" 抗震救灾指挥部工作组设立情况如图 3-3 所示。

　　5 月 13 日晚，陕西省成立抗震救灾指挥部，全面负责当前的抗震救灾工作，27 日省抗

　　* 由参考文献［30～34］，整理绘制。

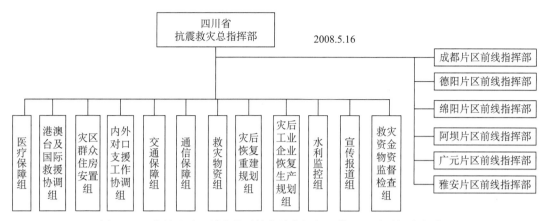

图 3-3　汶川地震四川省抗震救灾总指挥部工作组（随时间有变动）

震救灾指挥部在勉县设立前线指挥部，并于 6 月 9 日撤回。与四川省抗震救灾指挥部不同的是，陕西省为加强对全省抗震救灾各专项工作的组织领导，在不同时间成立了众多领导小组，如 5 月 23 日成立陕西省教育系统抗震救灾及恢复重建领导小组，6 月 2 日成立陕西省抗震救灾资金物资监督检查领导小组，6 月 6 日成立陕西省农村因灾恢复重建领导小组，6 月 12 日成立陕西省卫生系统抗震救灾及恢复重建工作领导小组，6 月 25 日成立陕西省农村住房恢复重建领导小组和陕西省津陕对口支援工作领导小组[33,34]。

比较图 3-2、图 3-3 可见，四川省抗震救灾指挥部工作组组成与国务院抗震救灾总指挥部主要不同点表现在：①工作组数量不同，前者达到 12 个；②职责相近的工作组名称不同；增加了 2 个组，即内外对口支援工作协调组和救灾资金物资监督组等。共同点表现在：①都设立前线指挥部；②指挥部内各工作组均横向并列设置。

3.1.1.2　市县级抗震救灾指挥部

汶川地震影响的四川、陕西、甘肃下辖的众多市、县也成立了抗震救灾指挥部，以指导当地抗震救灾工作。

1. 阿坝州抗震救灾指挥部

5 月 12 日 15 时，阿坝州州委副书记召开抗震救灾联席会议，成立州抗震救灾指挥部，迅速启动应急预案，动员全州力量全力抗震救灾。指挥部下设 14 个工作组[35]，如图 3-4 所示。

2. 西安市抗震救灾指挥部

5 月 14 日，西安市委召开常委扩大会议，成立西安市抗震救灾指挥部，指挥长为市长，下设办公室及 10 个工作组[33]，如图 3-5 所示。

其中，办公室设在市地震局，负责汇集地震灾情速报，管理地震灾害调查与损失评估工作，管理地震灾害急救援工作。综合联络组由市发展改革委牵头负责；震情灾情信息组由市地震局牵头负责；信息发布组由市委宣传部牵头负责；港澳台和国际联络组由市外办牵头负责；条件保障组由市商贸局牵头负责；人员救援组由西安警备区牵头负责；工程抢险组由市城建委牵头负责；医疗卫生保障组市卫生局牵头负责；灾民安置救助组由市民政局牵头负

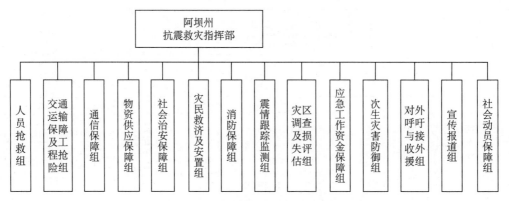

图 3-4　汶川地震阿坝州抗震救灾指挥部工作组

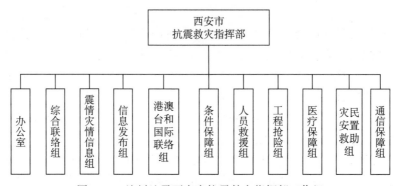

图 3-5　汶川地震西安市抗震救灾指挥部工作组

责；通信保障组由中国电信西安分公司牵头负责。

3. 汉中市抗震救灾指挥部

5 月 12 日，成立汉中市抗震救灾指挥部和前线指挥部及协调小组。由市委书记任第一指挥，市委副书记、市长任总指挥。指挥部下设 6 个工作组，在宁强、略阳两县设立汉中市抗震救灾前线指挥部。宁强县、略阳县、勉县在 12 日也分别成立抗震救灾指挥部，如图 3-6 所示。

4. 茂县抗震救灾指挥部

地方政府抗震救灾指挥部组织结构随时间推移和抗震救灾过程的发展也在不断变化。以茂县抗震救灾指挥部为例，5 月 12、15、23、31 日和 6 月 3 日的组织结构如图 3-7 所示[35]，指挥部下设工作组数量随时间依次演变成由 8、7、13、14 和 12 个工作组构成，变化方式主要是横向平行扩展或缩减，且承担类似职责的工作组名称也在变化，这种变化有时易造成沟通协同方面的障碍。

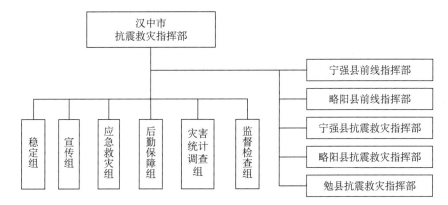

图 3-6 汶川地震汉中市抗震救灾指挥部工作组

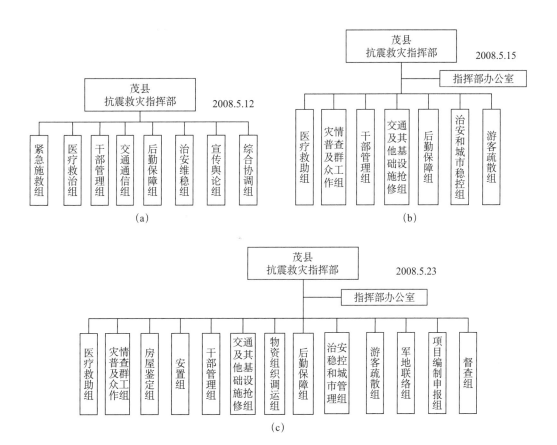

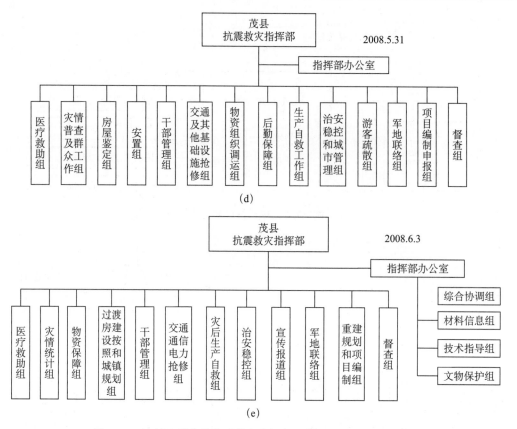

图 3-7　汶川地震茂县抗震救灾指挥部工作组（随时间有变动）

3.1.1.3　军队应急指挥体系

除了国务院、各级政府抗震救灾指挥部外，军队在汶川地震中发挥了重要作用，在军队四级应急指挥体系进行抢险救援工作，如图 3-8 所示[35]。地震发生后 10 分钟，成都军区即成立了抗震救灾指挥部。5 月 13 日上午，军队抗震救灾指挥组宣布成立，下设综合、地面行动、空中行动、材料、情况与指挥保障 5 个小组。5 月 14 日，成都军区组成抗震救灾联合指挥部，统一指挥调度在灾区的所有解放军部队、武警部队和民兵预备役人员，下设指挥协调组、政治工作组、联勤保障组、装备保障组。

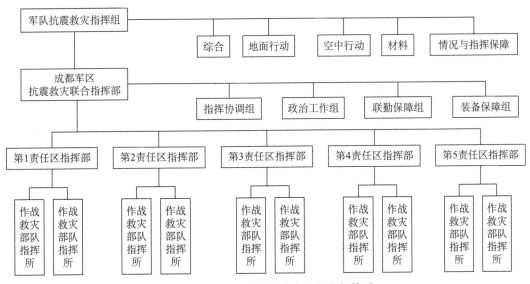

图 3 - 8　汶川地震军队应急组织指挥体系

3.1.2　国务院抗震救灾指挥部应急响应

自国务院抗震救灾总指挥部成立到 10 月 14 日宣布不再保留，期间共进行 26 次总指挥部会议，根据抗震救灾的进展，快速做出协调部署，协调、保障抗震救灾工作的有效实施。总指挥部举行的 26 次会议情况如表 3 - 1 所示[30]。

表 3 - 1　国务院抗震救灾总指挥部 26 次会议情况

序号	时间	会序	地点	主要内容
1	5 月 12 日下午		飞往灾区的飞机上	宣布成立以温家宝总理为总指挥的抗震救灾总指挥部并设立 8 个抗震救灾工作组
2	5 月 12 日 23 时 40 分	第 1 次	都江堰临时搭起的帐篷内	提出抓紧时间救人、连夜打通道路、调医疗人员赶赴灾区等要求
3	5 月 13 日 7 时和中午	第 2、3 次	四川地震灾区	要求当晚 12 时前打通通往震中的道路，全面开展抗震抢险救人工作
4	5 月 13 日 20 时 30 分	第 4 次	列车上	强调当前抗震救灾的核心任务仍是救人
5	5 月 14 日中午	第 5 次		根据胡锦涛总书记指示精神，研究具体落实措施
6	5 月 14 日晚	第 6 次	列车上	再次强调救人是重中之重，并决定新增 90 架直升机用于救援
7	5 月 15 日晚	第 7 次	列车上	强调必须举全国之力做好抗震救灾工作

序号	时间	会序	地点	主要内容
8	5月17日下午和晚上	第8次	北京	要把保护人民生命安全放在第一位
9	5月18日下午	第9次	中国地震局	要求加强地震监测预报工作
10	5月19日下午	第10次	北京	要求继续做好人员抢救、灾区防疫和善后处理工作
11	5月20日下午	第11次	北京	研究受灾群众生活安排、防范次生灾害等工作
12	5月22日晚	第12次	四川地震灾区	专题研究处理堰塞湖问题
13	5月23日晚	第13次	列车上	研究部署灾区卫生防疫工作,决定成立灾后重建规划组
14	5月27日下午	第14次	北京	指出抗震救灾已进入新阶段,要把安置受灾群众、恢复生产和灾后重建摆在更突出位置
15	5月30日下午	第15次	北京	研究加强抗震救灾款物管理、资金分配使用等问题
16	6月3日下午	第16次	北京	部署灾区恢复生产工作,讨论汶川地震灾后重建规划工作的方案
17	6月5日20时	第17次	列车上	专题研究唐家山堰塞湖问题
18	6月9日上午	第18次	北京	研究进一步做好灾区医疗防疫和甘肃、陕西抗震救灾工作
19	6月17日下午	第19次	北京	研究防范地震次生灾害工作
20	6月20日上午	第20次	陕西汉中	听取陕西抗震救灾工作汇报,研究部署受灾群众安置、灾后恢复重建、次生灾害防范等工作
21	6月21日下午	第21次	甘肃成县黄陈镇苇子沟村	听取甘肃抗震救灾工作汇报,研究部署受灾群众安置、灾后恢复重建、次生灾害防范等工作
22	6月26日下午	第22次	北京	研究灾后恢复重建工作的指导意见
23	7月12日下午	第23次	北京	研究了灾区困难群众后续救助等问题。决定9~11月给生活仍不稳定的受灾群众人均每月200元救助
24	8月5日下午	第24次	北京	讨论汶川地震灾后恢复重建总体规划
25	8月31日晚和9月1日晚	第25次	列车上	听取四川省和国务院有关部门关于地震灾区受灾群众安置工作的汇报,研究部署下一步的工作措施
26	10月14日上午	第26次	北京	总结四川汶川特大地震抗震救灾工作,研究部署灾后重建任务; 指挥部不再保留,下一步的工作应该主要以地方领导为主

5月12日16时44分，中共中央政治局常委、国务院总理温家宝从北京乘专机前往四川地震灾区。温家宝总理在飞机上主持召开紧急会议，部署抗震救灾工作，宣布成立的国务院抗震救灾总指挥部设立由有关部门、军队、武警部队和地方党委、政府主要负责人参加的抢险救援组、地震监测组、卫生防疫组、群众生活组、基础设施组、生产恢复组、社会治安组、宣传组8个抗震救灾工作组。随着抗震救灾工作的进行，党和国家的抗震救灾工作组发生了变化，总指挥部在5月18日增设水利组，后续又设立灾后重建规划组、灾后恢复重建工作协调小组、资金物资监督检查领导小组等，更好地适应抗震救灾不同阶段的工作重心要求，有力指导抗震救灾工作。相关工作组在抗震救灾期间召开了多次协调会议、发布了诸多文件，对协调抗震救灾工作起到了重要作用，各组举行的重要会议及协调工作详见附件3-1[①]。

3.1.3　国务院抗震救灾指挥部成员单位应急响应

国新办自2008年5月13日开始至2011年5月10日，共计举办了30余次新闻发布会，每次发布会邀请有关部门、部委、地方政府等介绍抗震救灾方面的有关情况。历次新闻发布会的时间、发言人员、主题见表3-2[②]。

表3-2　汶川8.0级地震国新办历次新闻发布会简要情况

序号	时间	参与单位	主题
1	2008年5月13日 16时	民政部、中国地震局、中国地震台网中心	介绍四川汶川地震灾害和抗震救灾进展情况
2	2008年5月14日 15时	交通运输部、铁道部	介绍抗震救灾相关工作进展情况
3	2008年5月15日 16时	国务院抗震救灾指挥部医疗防疫组、卫生部	介绍抗震救灾医疗救援情况
4	2008年5月16日 16时	住房和城乡建设部	住房和城乡建设部部长姜伟新介绍住房城乡建设系统抗震救灾工作进展情况
5	2008年5月17日 16时	农业部	农业部副部长危朝安介绍当前农牧业灾情、农业抗震救灾、灾区农产品供应、人畜共患病防治以及农业生产等有关情况
6	2008年5月18日 16时	军队、武警	介绍人民解放军和武警部队抗震救灾情况
7	2008年5月19日 16时	工业和信息化部、电监会	介绍抗震救灾的通信保障、设备工具保障情况和救灾保电情况

① 整理自《汶川特大地震抗震救灾志卷》（卷二·大事记）。
② 整理自汶川地震期间历次国务院新闻发布会文字实录。

续表

序号	时间	参与单位	主题
8	2008 年 5 月 20 日 16 时	民政部	介绍地震灾区群众生活安排情况
9	2008 年 5 月 21 日 16 时	国资委	介绍中央企业抗震救灾总体情况
10	2008 年 5 月 22 日 14 时	国土资源部、中国地质调查局	介绍国土资源部门防范次生地质灾害工作情况
11	2008 年 5 月 23 日 10 时	四川省人民政府	介绍四川省汶川大地震灾害抗震救灾等方面情况
12	2008 年 5 月 23 日 16 时	环境保护部	介绍汶川地震后保障环境安全有关情况
13	2008 年 5 月 24 日 16 时	国家安全生产监督管理总局	介绍安全生产监管监察系统抗震救灾情况
14	2008 年 5 月 25 日 16 时	水利部	介绍防范次生灾害和水利抗震救灾情况
15	2008 年 5 月 26 日 16 时	中共中央组织部	介绍在抗震救灾中各级党组织和广大党员干部发挥作用的情况
16	2008 年 5 月 27 日 16 时	卫生部	介绍灾区卫生防疫工作有关情况
17	2008 年 5 月 28 日 16 时	国家发展和改革委员会	介绍灾区基础设施修复及应急物资保障工作进展等方面的情况
18	2008 年 5 月 29 日 16 时	国家质检总局	介绍质检部门抗震救灾情况
19	2008 年 5 月 30 日 16 时	民政部、中国红十字会、中国慈善总会	介绍救灾捐赠款物接收、使用和监督情况
20	2008 年 6 月 2 日 16 时	国务院侨务办公室	介绍全球华侨华人支持中国抗震救灾及捐赠监管使用情况
21	2008 年 6 月 4 日 16 时	民政部、外交部、商务部	介绍四川汶川大地震后接受国际援助情况
22	2008 年 6 月 11 日 16 时	军队、武警	介绍人民解放军和武警部队抗震救灾最新情况
23	2008 年 6 月 12 日 16 时	国务院法制办公室	介绍《汶川地震灾后恢复重建条例》的有关情况

续表

序号	时间	参与单位	主题
24	2008 年 6 月 13 日 16 时	陕西省	介绍陕西省抗震救灾和恢复重建等方面的情况
25	2008 年 6 月 16 日 16 时	甘肃省	介绍甘肃省抗震救灾工作有关情况
26	2008 年 6 月 23 日 16 时	监察部、审计署、民政部、财政部	介绍抗震救灾资金物资监管情况
27	2008 年 7 月 2 日 16 时	水利部、国家抗旱总指挥部	介绍堰塞湖处置与震区防汛抗洪情况
28	2008 年 9 月 4 日 10 时	国家汶川地震专家委员会主任、副主任、专家	介绍四川汶川地震及灾损评估情况
29	2008 年 11 月 21 日 10 时	四川省	介绍灾后重建、确保灾区群众安全过冬及四川积极扩大内需、促进经济增长等方面情况
30	2009 年 5 月 8 日 10 时	国家发展改革委、财政部、住房城乡建设部	介绍灾后恢复重建工作情况
31	2009 年 5 月 11 日 10 时	民政部、防汛抗旱总指挥部、中国地震局、中国气象局	介绍中国防灾减灾工作基本情况
32	2011 年 5 月 10 日 10 时	国家发展改革委、四川省、甘肃省、陕西省	介绍汶川特大地震灾后恢复重建情况

公安部、民政部、水利部、中国地震局、中国气象局等单位在第一时间启动了应急机制，分别成立了抗震救灾指挥部；交通部、国家安监局在震后迅速启动了应急预案；卫生部13 日启动了抗震救灾应急响应机制；建设部在震后迅速向四川等省建设主管部门发出紧急通知，要求将当地受灾情况，特别是城镇市政基础设施损坏、城镇和农村房屋倒塌情况与采取的救灾措施，以及需要帮助解决的问题等及时上报。

中国地震局于 14 时 41 分成立汶川特大地震应急指挥部，统一指挥和部署地震局系统抗震救灾工作。在此之前，国务院副总理回良玉致电地震局，要求立即启动国家地震应急预案一级响应。地震局发出《关于四川汶川地震后加强地震应急处置工作的紧急通知》，指挥部调集全系统力量投入抗震救灾，派遣国家和 23 支省级地震灾害紧急救援队、地震现场工作队赶赴灾区开展地震紧急救援地震灾情评估、震情跟踪和判定，并组织震情趋势紧急会商，及时判定震情趋势[30]。

安监总局于 2008 年 5 月 12 日 14 时 50 分，启动应急预案，组织和带领安全监察系统全力投入抗震救灾斗争：一是成立了抗震救灾指挥协调小组；二是先后签发了《国家安全监管总局关于做好抗震救灾工作的紧急通知》等三个文件，指导抗震救灾和安全生产工作；三是迅速调集在四川和周边省（市）开展安全生产百日督查专项行动的 7 个督查组、44 支矿山和危化救援队伍、14 支医疗救护队等赶赴灾区参加抢险救援。至 2008 年 6 月底，共计召开各类会议 13 次，发布文件 3 项。

财政部 2008 年 5 月 13 日召开部长办公会议，成立财政应急保障政策协调小组。2008 年共计拨付各项救灾资金近 850 亿元，2009 年共计拨付各项救灾资金近 1400 亿元，2010 年共计拨付各项救灾资金近 940 亿元，有力保障了灾区抢险救援、居民生活安置、灾区恢复重建工作。2008 年召开会议近十次，发布文件 35 项；2009 年发布文件 10 项；2010 年发布文件 7 项。

发展改革委 2008 年 5 月 12 日下午紧急动员，启动《国家发展改革委综合应急预案》，迅速进行灾区价格监管，生产、生活物资调拨、订购、采购，生命线工程抢修、恢复重建等组织协调工作。2008 年发布文件 24 项。

公安部 2008 年 5 月 12 日 17 时 40 分成立由国务委员、公安部部长任指挥长的抗震救灾指挥部，并全面部署公安机关抗震救灾工作。成立公安消防部队跨区域应急救援总指挥部，启动公安消防部队应急战备物资调运机制，调集抢险救援应急战备物资；在都江堰成立抗震救灾前线指挥部，调派人员。2008 年共计召开各类会议 13 次，发布文件 11 项，调集公安特警、消防部队超过 3 万人、搜救犬百条、抢修救援车数百辆支援灾区进行人员搜救、治安维护任务。

卫生部紧急派出了由医疗、疾病预防控制等专业人员组成的 10 余支卫生应急队伍，赶赴四川地震灾区开展救援工作；13 日启动抗震救灾应急响应机制后，紧急组织应急医疗队支援灾区医疗救治工作，争分夺秒抢救灾区伤员生命。

工业与信息化部 2008 年 5 月 12 日晚上成立由部长任组长的抗震救灾应急指挥领导小组。灾后三天内，紧急调集 35 台应急通信车、近千部海事卫星电话、100 台 VSAT 终端支援灾区，要求各大电信企业做好通信保障恢复工作。

国土资源部 2008 年 5 月 12 日 23 时 15 分成立由部长任组长的抗抗震救灾应急指挥领导小组，组派 5 个工作组指导地质灾害防治工作。2008 年共计召开各类会议 11 次，发布文件 11 项；下属测绘局召开会议 6 项，发布文件 6 项。

电监会 2008 年 5 月 12 日 16 时召开紧急会议，部署电力行业抢险救灾保电工作，要求有关电力单位进入一级应急状态，派出工作组飞赴四川。2008 年召开协调部署会议 12 次，发布文件 6 项，指导灾区保电工作，至 2008 年 8 月初全部完成四川地方电网抢修恢复任务。此外，还协调调拨大型柴油发电机、发电车、冲锋舟等进行电力保障、生命抢救工作。

国防科工局 5 月 13 日 8 时 30 分在北京召开抗震救灾专题办公会议，成立由局长担任组长的国防科技工业抗震救灾领导小组，启动相关应急预案。至 6 月 12 日召开会议 9 次，发布文件 8 项，先后派出 12 个生产恢复和灾后重建指导工作组赴相关单位调研。

环保部 5 月 12 日晚上在北京召开会议，成立以部长为总指挥的应急指挥部，组建前方工作组和后勤保障工作组，启动突发环境事件和核与辐射突发事件 I 级应急响应。至 7 月 8 日召开会议 4 次，发布文件 17 项，5 月 13 日派出核安全、污染防治有关专家组成的 21 人专家组赶赴四川灾区，协调、指导当地环保部门做好次生环境灾害防范和应对工作。

交通方面，交通运输部、铁道部、民航局都快速启动应急响应。交通运输部 5 月 12 日晚上启动一级应急，成立专家组奔赴灾区指挥救灾工作，并向四川省紧急下拨专项资金 1000 万元。截至 2008 年 7 月底，交通运输部召开会议 6 次，发布文件 7 项。铁道部 5 月 12 日 15 时 30 分召开紧急会议，成立抗震救灾指挥部，动员巡查抢险工作，并在 5 月 18 日联合相关部委成立铁路抗震救灾物资运输协调小组，协调物资运输。民航局 5 月 12 日下午成立以局长为组长的抗震救灾领导小组，要求民航系统各单位立即启动应急预案和应急程序，5 月 13~15 日协调超过百架航班、直升机运输抢险救灾人员，截至 6 月 18 日发布文件 14 项。

民政部 5 月 12 日 15 时 00 分，民政部、财政部组成的汶川地震灾区联合救灾工作组赶赴四川灾区，晚上成立以部长为指挥长的抗震救灾应急指挥部，指挥部办公室设在救灾司，并与 22 时 15 分提升为一级应急响应，紧急从 8 家中央救灾物资储备库调运救灾专用帐篷 49730 顶、棉被 5 万床。截至 8 月中旬，召开多次会议，发布文件 36 项，并在灾后紧急采购大量生活物资，援助灾区人民临时安置生活。

农业部 5 月 12 日晚上在北京召开紧急会议，成立以部长为指挥长的抗震救灾指挥部，启动农业救灾应急响应及灾情会商机制，在 13 日派出动物防疫专家组赴四川指导重大动物疫病防控工作，后期组建农业部、四川省联合动物防疫应急分队，分批进驻灾区开展动物疫病防控工作。截至 8 月底召开协调、会商会议共计 17 次，发布文件 10 项。

气象局 5 月 12 日 16 时 45 分启动地震灾害气象服务 Ⅱ 级应急响应，成立抗震救灾工作组，与 13、15 日派出三个工作组赶赴灾区协调抗震救灾。截至 5 月底召开协调会议 5 次，调配气象专家、自动监测设备支援灾区。

水利部 5 月 12 日 15 时 30 分决定派出工作组赶赴四川灾区调查了解水利工程受灾情况，晚上连续召开 2 次紧急会商会议，从全国紧急抽调水利专家、勘察设计和工程抢险人员 1780 人，组成 80 个工作组、46 支应急抢险抢修队、91 个设计组，赶赴四川地震灾区支援抗震救灾。5 月 14 日 7 时 05 分成立抗震救灾前方领导小组。截至 6 月 10 日，召开会议 7 次，成功排除唐家山堰塞湖等重大险情。国家防总也发布了一系列文件、通知，协调水库等工程抢险工作。

建设部 5 月 12 日成立由部长任指挥长的抗震救灾指挥部。选派 138 名房屋安全鉴定专业技术人员，赴灾区开展房屋安全鉴定工作。5 月 18 日组织成立由三级工作组开展城镇与农村体系规划、城乡住房建设规划编制工作。截至 6 月底共计召开会议 16 次；截至 10 月底发布文件 36 项，协调灾区过渡安置房等设施的生产。

海关总署 5 月 12 日启动突发事件应急预案，成立由署长任总指挥的抗震救灾指挥部。

国资委调动所属通信企业迅速开展震后通信保障，先后在 5 月 12 日下午、13 日下午实现汶川、北川与外界的首次通话，震后 5 日恢复通信中断的 100 多个乡镇的通信服务。

军队方面，在抗震救灾期间，总共出动解放军、武警兵力 14.6 万余人，民兵预备役 7.5 万余人，克服重重艰难险阻，在震后 2 天内就到达了全部受灾县，3 天内到达全部重灾乡镇，7 天内到达全部受灾村庄，各方救援力量累计解救转移被困群众 148.6 万余人，从废墟中抢救生还者 8.4 万余人，及时组织转移救援疏散受困中外游客 5.5 万余人。

中央军委震后迅速启动应急机制，全力投入抢险救援。5 月 12 日震后首日，中央军委发布八项命令，要求成都军区、济南军区、空军出兵 3.4 万人进行抗震救灾。5 月 14 日发布命令，要求增派 3.26 万人，采用不同方式机动赶赴灾区。5 月 16 日决定从战略储备中紧急筹措 5000 顶班用帐篷、10 万套单兵作战口粮、20 万件御寒衣被以及 2 套野战方舱医院支援灾区，并派出 240 人的医疗队。

成都军区 5 月 12 日 14 时 35 分启动成都军区抢险救灾应急指挥机制，把抗震救灾作为第一任务，迅速出动兵力，全力救灾。16 时 40 分成都军区总医院院抽调 22 名业务骨干组成医疗队赶赴都江堰，成为第一支到达地震灾区的医疗队。震后首日出动部队官兵 6300 余人、民兵预备役人员 1.5 万余人、2 批 4 架次直升机、各种车辆装备 1210 余台（套），动用物资 360 余吨，投入抢险救灾。截至 14 日，投入抗震救灾部队 1.8 万余人、民兵预备役人员 2.87 万余人和 14 支医疗队。13 日成立成都军区抗震救灾联合指挥所，审定抗震救灾指挥编组及任务区划分方案；17 时 20 分发布《关于明确抗震救灾指挥编组及任务区分的通知》，协调救灾工作。截至 20 日，救援范围拓展至 274 个乡（镇），救援兵力达到 10 万人。至 8 月 20 日，部队官兵和民兵预备役人员共搜救被压埋群众 2.7 万余人，解救被困群众 140 万余人，安置受灾群众 102 万余人，诊治灾区群众伤病 133 万余人次，完成全面搜救任务。至 8 月 20 日成都军区联指及 5 个责任区指挥所按照中央军委命令终止工作，共计召开各类会议 37 次，发布文件 23 项。

总参谋部 5 月 12 日 15 时启动应急预案，要求成都军区、空军和武警部队迅速组织灾区驻军全力投入抗震救灾；15 时 40 分总参谋长签发第一份出兵命令，派出以 66150 部队为主组建的国家地震灾害紧急救援队赶赴灾区。5 月 13 日建立军地联合指挥协调机制，根据实际需要实行军地协商兵力部署，统一指挥部队救援行动。5 月 14 日 2 时在都江堰成立前线总指挥部。截至 5 月底发布文件 8 项。

总政治部 5 月 12 日晚上在北京主持召开部务会，决定成立抗震救灾应急小组，派出工作组赴一线了解情况、指导工作。震后迅速调派 65 名专家组成军队抗震救灾医学专家指导团，首次开播"解放军抗震救灾战地广播电台"。截至 7 月底召开会议 5 次，发布文件、通知 11 项。

总后勤部 5 月 12 日 21 时 09 分发出《关于迅速做好抗震救灾后勤保障和相关准备工作的指示》，12~14 日组建 38 支医疗队、防疫队，15 日增派 50 支医疗队，21 日抽派 24 名专家组成 8 支心理救援分队，25 日派出军队专业防疫人员 200 人组成 40 支防疫分队，支援灾区医疗防疫。

总装备部援建的"绵阳八一帐篷学校"远程教育系统与 5 月 24 日正式开通，是灾区第一所实现远程教育的"帐篷学校"。

武警总部 5 月 12 日 14 时 43 分启动应急机制，成立抗震救灾基本指挥所，由司令员、政委任总指挥。12 日派出 3000 余名官兵到达都江堰实施救援，派出 870 余名官兵赶赴北川实施救援。13 日 23 时 15 分武警驻四川某师参谋长率 200 名救援官兵到达汶川县城，成为首支进入汶川县城的救援部队。武警部队先后打通了多条交通要线，并开辟了空中物资输送通道。截至 5 月底，武警部队召开会议 7 次，发布文件 6 项。

依据国务院抗震救灾总指挥部、内设工作组进行的主要协调工作，各成员单位在初期的应急响应启动工作，制作形成了汶川地震国务院抗震救灾总指挥部应急响应时刻表，见附件 3－2。

3.1.4　四川省级抗震救灾应急响应

地震发生后的 20 分钟，四川省委书记召集有关省领导和省直部门负责人，在省委机关召开紧急会议，对抗震救灾工作进行紧急部署：省公安厅对通往灾区的道路实施交通管制，确保道路畅通；省卫生厅立即派出医疗队赶往各个重灾区，全力救治伤员；省地震局立即向社会滚动发布地震信息，稳定人心；对省领导进行紧急分工，一批分赴重灾区现场指挥，一批留守成都值班指挥。

期间，四川省委、省政府，四川省抗震救灾指挥部、四川省相关部门发布了多项文件，协调、规定、引导救灾力量、资源，实现抗震救灾工作的有力开展。在 2008 年度共发布文件 386 项，其中以四川省抗震救灾指挥部发布的文件超过 200 项，发布文件记录情况如图 3－9 所示。

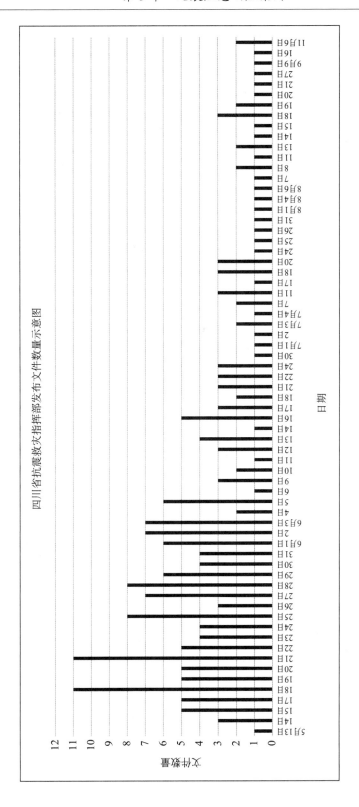

图3-9　汶川8.0级地震四川省抗震救灾指挥部发布文件数量示意图

四川省抗震救灾指挥部自5月12日成立到11月19日宣布撤销，以指挥部、下设各工作小组名义召开了几十次会议，根据抗震救灾的进展，快速做出协调部署，协调、保障抗震救灾工作的有效实施。指挥部及下设工作小组举行的会议情况如表3-3所示[32]。

表3-3　四川省抗震救灾指挥部及下设工作小组举行的会议情况

序号	日期	会议主题	主要内容
1	5月12日	指挥部成立	四川省委、省政府在都江堰成立省抗震救灾临时指挥中心（后更名为四川省"5·12"抗震救灾指挥部）
2	5月12日	省"5·12"抗震救灾指挥部物资组召开第一次会议	组织布置加强通信保障、救灾物资供应和金融安全工作
3	5月13日	省委领导在总值班室召开会议	研究医疗、部队救援、灾情收集汇总、抗震救灾信息报送、指挥部运转机制等工作
4	5月14日	省长在成都召开指挥部会议	强调抓紧时间救人仍是当前全省抗震救灾工作第一位的任务，部署加强受灾群众救援、人员调配、医疗救治、救灾物资保障、组织领导工作
5	5月14日	物资组召开会议	传达指挥部要求，救灾物资组承担的药品筹集组织配送工作划归医疗卫生组负责
6	5月14日	建立指挥部信息专报制度，要求每天及时准确报送抗震救灾信息	
7	5月15日11时	省长主持召开指挥部会商会议	捐赠资金和物资监管；外来救援人员接待；水利设施安全监控；统一口径对外发布信息；抓紧制订灾后重建计划，做好以水路方式抵达汶川县的可行性论证
8	5月15日	省委领导在省"5·12"抗震救灾指挥部研究部署抗震救灾工作	
9	5月15日	医疗保障组、宣传报道组、物资组、总值班室分别召开会议	研究部署抗震救灾，食品物资供给工作
10	5月15日	设立港澳台及国际救援人员联络协调小组（简称"第八小组"）	
11	5月17日	省"5·12"抗震救灾指挥部召开会议	贯彻落实胡锦涛在川召开的抗震救灾工作会议重要讲话精神，细化、实化了23项工作措施

续表

序号	日期	会议主题	主要内容
12	5 月 19 日晚至 5 月 20 日凌晨	省委书记主持召开省"5·12"抗震救灾指挥部会议	总结、部署抗震救灾工作
13	5 月 20 日	省长两次主持召开省"5·12"抗震救灾指挥部会议	强调把防疫工作放在更加突出位置，抓紧解决受灾群众的临时住所问题
14	5 月 21 日	省长主持召开指挥部会议	强调卫生防疫工作要点面结合、进村入户，不能遗漏零散分布的单家独户；妥善处理遇难者遗体，减少传染源；搞好饮水消毒工作
15	5 月 21 日	省委常委、省纪委书记主持省"5·12"抗震救灾指挥部会议	研究对口支援会议筹备、国际救援物资接收、遇难人员遗体处理、灾区群众自发迁移安置、新闻发布会、卫生防疫等事宜
16	5 月 21 日	指挥部医疗保障组工作会议	决定成立地震伤员转运小组，部署卫生防疫重点工作任务；部署伤病员心理调适工作
17	5 月 21 日	救灾物资组召开协调会	落实中央领导批示精神，专题研究成都火车东站救灾物资转运工作
18	5 月 22 日	省长主持召开省"5·12"抗震救灾指挥部会议	贯彻落实 21 日国务院常务会议精神。强调继续做好搜救和伤病员救治工作，切实抓好卫生防疫工作，做好受灾群众安置工作，抓紧抢修灾毁基础设施，严防次生灾害，积极谋划灾后重建
19	5 月 22 日	医疗保障组工作会议	
20	5 月 23 日	省长主持召开省"5·12"抗震救灾指挥部会议	落实国务院抗震救灾总指挥部部署；强调要把卫生防疫工作摆在突出位置，细化落实措施，防疫人员要覆盖到灾区所有村。会议还对制订灾后重建规划、受灾群众安置和堰塞湖处理等进行部署
21	5 月 23 日	省委常委、省纪委书记主持召开省"5·12"抗震救灾指挥部会议	研究军地合作、救灾物资供应、维护灾区稳定、看望慰问救灾部队等问题
22	5 月 23 日	港澳台及国际救援人员联络工作组会议	
23	5 月 24 日	省长主持召开指挥部会议	研究落实中央领导重要讲话精神，强调要结合各工作组的职能和省领导的分工，将各项任务细化转化为工作方案和具体措施

序号	日期	会议主题	主要内容
24	5月25日	省委书记主持召开省"5·12"抗震救灾指挥部会议	贯彻落实中央领导24日对四川省抗震救灾工作的指示
25	5月25日	省委常委、省纪委书记主持召开省"5·12"抗震救灾指挥部会议	紧急研究部署当日青川6.4级余震后抗震救灾工作
26	5月25日	指挥部医疗保障组会议	研究卫生防疫工作面临的重点、难点及其对策措施
27	5月26日	省长主持召开指挥部会议	通报北川唐家山堰塞湖工作
28	5月27日	省长主持召开指挥部会议	传达学习中央领导重要讲话精神、部署和要求，要求各工作组和相关分管领导按照各自职责，在现有工作基础上，对各项工作任务进一步细化实化，抓好落实
29	5月28日	唐家山堰塞湖应急处置指挥部会议	省长在绵阳检查指导唐家山堰塞湖抢险避险工作，主持召开
30	5月28日	省长主持召开指挥部会议	重点研究向省外转移伤员、伤员救治费用处理、发放受灾群众补助金、抢通灾区广播电视等工作
31	5月29日	省委书记主持召开专题会议，研究堰塞湖排危除险工作	强调要坚持以人为本，把确保人民群众生命安全放在首位，坚持主动处理、及早处理、安全处理，争分夺秒、千方百计完成堰塞湖的排危除险任务，坚决避免造成新的重大损失。省长出席会议并讲话，指挥部成员参加会议
32	5月29日	省委常委、省纪委书记主持召开省"5·12"抗震救灾指挥部会议	研究协调救灾物资监管、受灾群众临时伙食供应、集中安置点消防、社会监督员队伍组织、紫坪铺水库漂浮油处理等工作
33	5月30日	省长主持召开灾后重建规划组会议	传达国家汶川地震灾后重建规划组第一次会议精神
34	5月30日	省长主持召开省"5·12"抗震救灾指挥部会议	研究抗震救灾工作
35	5月31日	省长主持召开指挥部会议	部署下阶段地震伤员医治、受灾群众安置、灾情及损失调查、救灾物资发放、重建规划编制等工作

续表

序号	日期	会议主题	主要内容
36	6月1日	省长在绵阳主持召开唐家山堰塞湖应急处置指挥部会议	强调排险避险工作不能松劲，要加强对过水分洪情况的监测，继续研究除险措施，同时要继续抓好避险工作，确保监测人员和下游群众生命安全
37	6月2日	省委常委、省纪委书记主持召开省"5·12"抗震救灾指挥部召开会商会	研究集中安置点过渡房建设和卫生防疫以及抗震救灾资金物资监督管理等工作
38	6月3日	省长主持省"5·12"抗震救灾指挥部会议	通报抗震救灾工作进展情况，研究需要解决的问题
39	6月3日	物资组召开协调工作会	要求进一步完善救灾物资的管理，加大救灾捐赠物资的公示力度
40	6月4日	省长在绵阳主持召开唐家山堰塞湖抢险指挥部会议	强调要充分认识唐家山堰塞湖溃堤的不确定性、随机性和破坏性，以对人民群众生命安全高度负责的态度，确保所有应转移群众全部转移
41	6月4日	指挥部增设住房建设安置组	
42	6月5日	省委常委、省纪委书记在成都主持召开省指挥部会商会	传达学习省委常委会议及全省抗震救灾安置阶段工作电视电话会议精神，研究贯彻落实措施，进行部署
43	6月5日	省委常委、省纪委书记在成都主持召开省指挥部专题会议	研究做好遇难学生家长工作
44	6月6日	省长主持召开唐家山堰塞湖抢险指挥部会议	学习中央领导在绵阳察看和指导唐家山堰塞湖排险避险工作时的重要指示精神，研究和部署落实措施
45	6月7日	省长主持唐家山堰塞湖抢险指挥部会商会并与专家组座谈	强调避险工作的核心是在出现溃坝险情时努力为转移群众赢得尽可能多的时间
46	6月7日	省委常委、省纪委书记在成都主持召开省指挥部专题会议	研究进一步细化工作措施，做好遇难学生家长工作
47	6月7日	省委常委、省委组织部部长主持召开遇难学生家长工作指导组会议	总结前一段阶段遇难学生家长工作情况，研究部署下一阶段工作

序号	日期	会议主题	主要内容
48	6月10日	省委书记在成都主持召开省指挥部会议	传达中央领导同志对四川抗震救灾工作的重要指示，专题研究受灾群众安置住房建设、堰塞湖排危除险、省外省内对口支援等工作。强调抗震救灾已进入以安置受灾群众为主要任务的重要阶段
49	6月11日	省长主持召开唐家山堰塞湖应急处置指挥部会议	决定从11日16时起解除唐家山堰塞湖黄色预警，险情已排除
50	6月14日	省长主持召开唐家山堰塞湖应急处置指挥部会议	对排险避险工作进行阶段性总结，安排后续处置工作
51	7月2日	省委书记主持召开指挥部成员会议	研究部署安置住房建设、因灾失业人员就业和灾区交通抢通保通工作。会议强调，要将安置住房建设作为当前的首要任务
52	7月16日	省委书记主持召开省指挥部联席会议	通报并协商在川抗震救灾兵力调整事宜
53	8月1日	省委书记主持召开省指挥部会议	专题研究部署安置住房建设和建材生产供应等工作
54	10月14日	省委书记主持召开省指挥部会议，省长出席会议	会议传达学习中央领导在全国抗震救灾总结表彰大会上的重要讲话，研究部署受灾群众安全过冬和灾后恢复重建重大项目建设等工作
55	11月19日	省指挥部宣布撤销	灾后重建工作由灾后重建委员会履行

　　四川省新闻办公室自 2008 年 5 月 15 日至 2010 年 5 月 12 日，共计召开 38 次新闻发布会，历次新闻发布会的主要信息如表 3 - 4 所示。

表 3 - 4　汶川 8.0 级地震四川省人民政府新闻办历次发布会主要情况 *

序号	时间	人员	主题
1	2008 年 5 月 15 日 17 时 23 分 06 秒	四川省委宣传部	通报汶川地震灾害和抗灾救灾最新进展
2	2008 年 5 月 16 日 9 时 06 分 43 秒	人民政府新闻办公室、卫生厅、旅游局、民政厅、地震局副局长	就有关方面的地震抗灾情况做介绍

* 整理自汶川地震期间历次四川省人民政府新闻发布会文字实录。

续表

序号	时间	人员	主题
3	2008 年 5 月 17 日 17 时 24 分 16 秒	人民政府副省长、省卫生厅、省环保局、省通信管理局、省电力公司等单位	通报我省抗震救灾工作的最新进展情况
4	2008 年 5 月 18 日	人民政府副省长	四川省人民政府新闻办公室 18 日抗震救灾新闻发布会
5	2008 年 5 月 19 日 17 时 30 分	人民政府副省长、省发改委、团省委、省慈善总会、省建设厅	通报了四川省抗震救灾的最新进展情况
6	2008 年 5 月 20 日 17 时 30 分	人民政府副省长，省民政厅，省卫生厅，省地震局	通报了我省抗震救灾的最新进展情况
7	2008 年 5 月 21 日 17 时 24 分 37 秒	人民政府副省长、省水利厅、省民政厅、省卫生厅、省水利厅、省地震局	通报四川省抗震救灾的最新进展情况
8	2008 年 5 月 22 日 17 时 28 分 25 秒	四川省政府新闻办主、通信管理局、广元市委、广元市青川县、广元市民政局、卫生局、地震局	四川省汶川特大地震灾害抗震救灾的最新进展情况
9	2008 年 5 月 23 日 17 时 02 分 36 秒	四川省政府新闻办主任、省民政厅、阿坝州	通报抗震救灾最新进展情况
10	2008 年 5 月 24 日 16 时 51 分 53 秒	四川省政府新闻办主任、成都市政府，成都市民政局，成都市建委，成都市卫生局	通报汶川特大地震灾害的最新进展情况 成都抗震救灾的有关情况
11	2008 年 5 月 25 日	四川省政府新闻办主任	最新灾情，资金调拨和物资调配情况，医疗救治和卫生防疫情况，受灾群众安置情况，农业生产救灾情况，国际救援情况
12	2008 年 5 月 26 日	四川省政府新闻办主任、省卫生厅、德阳市	最新灾情，财政收拨救灾资金情况，受灾群众安置情况，工业生产救灾情况，畜牧业生产救灾情况，堰塞湖险情处置情况
13	2008 年 5 月 28 日		最新灾情，财政收拨救灾资金情况，伤员救治情况，卫生防疫情况，物资保障及受灾群众安置情况，防止次生灾害情况

序号	时间	人员	主题
14	2008 年 5 月 29 日	四川省政府新闻办	最新灾情，财政收拨救灾资金情况，伤员救治情况，卫生防疫情况，物资保障及受灾群众安置情况，防止次生灾害情况，基础设施恢复情况
15	2008 年 5 月 29 日	成都军区、四川省军区	最新灾情，财政收拨救灾资金情况，伤员救治情况，卫生防疫情况，物资保障及受灾群众安置情况，防止次生灾害情况，基础设施恢复情况
16	2008 年 5 月 30 日	省交通厅	最新灾情，财政收拨救灾资金情况，伤员救治情况，卫生防疫情况，物资保障及受灾群众安置情况，防止次生灾害情况，基础设施恢复情况
17	2008 年 6 月 1 日	省水利厅	最新灾情，财政收拨救灾资金情况，伤员救治情况，卫生防疫情况，物资保障及受灾群众安置情况，基础设施恢复情况
18	2008 年 6 月 2 日	省发改委	最新灾情，财政收拨救灾资金情况，伤员救治情况，卫生防疫情况，物资保障及受灾群众安置情况，防止次生灾害情况，基础设施恢复情况，恢复生产情况
19	2008 年 6 月 4 日	省公安厅	最新灾情，财政收拨救灾资金情况，伤员救治情况，卫生防疫情况，物资保障及受灾群众安置情况，防止次生灾害情况，基础设施恢复情况，恢复生产情况
20	2008 年 6 月 6 日	省纪委、省监察厅	最新灾情，财政收拨救灾资金情况，伤员救治情况，卫生防疫情况，物资保障及受灾群众安置情况，防止次生灾害情况，基础设施恢复情况
21	2008 年 6 月 9 日	省民政厅、雅安市	最新灾情，财政收拨救灾资金情况，伤员救治情况，卫生防疫情况，物资保障及受灾群众安置情况，防止次生灾害情况，基础设施恢复情况，恢复生产情况
22	2008 年 6 月 11 日	省财政厅、省审计厅	最新灾情，伤员救治情况，卫生防疫情况，物资保障及受灾群众安置情况，防止次生灾害情况，恢复生产情况
23	2008 年 6 月 13 日	四川省人民政府、省旅游局	最新灾情，财政收拨救灾资金情况，伤员救治情况，卫生防疫情况，物资保障及受灾群众安置情况，防止次生灾害情况，基础设施恢复情况
24	2008 年 6 月 16 日	都江堰市	最新灾情，财政收拨救灾资金情况，伤员救治情况，卫生防疫情况，物资保障及受灾群众安置情况，防止次生灾害情况，基础设施恢复情况

序号	时间	人员	主题
25	2008 年 6 月 18 日	省经委	最新灾情，财政收拨救灾资金情况，伤员救治情况，卫生防疫情况，物资保障及受灾群众安置情况，防止次生灾害情况，基础设施恢复情况
26	2008 年 6 月 20 日	绵竹市	绵竹市灾情，受灾群众安置、生产恢复和灾后重建工作情况
27	2008 年 6 月 23 日	绵阳市	北川羌族自治县灾情，近一段时间抗震救灾工作进展情况及下一步工作重点
28	2008 年 6 月 25 日	青川县	最新灾情，财政收拨救灾资金情况，伤员救治情况，卫生防疫情况，物资保障及受灾群众安置情况，防止次生灾害情况，基础设施恢复情况
29	2008 年 6 月 26 日		最新灾情，财政收拨救灾资金情况，伤员救治情况，卫生防疫情况，物资保障及受灾群众安置情况，防止次生灾害情况，基础设施恢复情况
30	2008 年 6 月 28 日	雅安市	雅安灾情，应急抢险阶段的主要工作，过渡安置和恢复阶段的工作，积极为重建做好准备
31	2008 年 7 月 14 日		通报灾区过渡性安置房建设情况
32	2008 年 8 月 18 日	省卫生厅、省疾控中心	通报了百日来全省卫生系统医疗救治以及确保大灾之后无大疫的情况
33	2008 年 8 月 20 日	省水利厅、省政府防汛抗旱指挥部	通报了百日来震毁水库治理、水源保护以及堰塞湖排险情况
34	2008 年 8 月 22 日	省民政厅	通报了百日来救灾物资、资金发放，受灾群众补助政策落实、"三孤"人员救助以及灾区社会管理情况
35	2008 年 8 月 22 日	省民政厅	"抗震救灾，百日攻坚"系列第 5 场新闻发布会：今年底 70% 因地震倒损的农房将恢复重建，明年底我省将全面完成汶川地震因灾倒损农房恢复重建任务
36	2008 年 8 月 31 日	省教育厅	通报我省 2008 年秋季复学复课的情况
37	2009 年 5 月 7 日	四川省人民政府	举行"5.12"汶川大地震周年新闻发布会，向大家通报我省灾后恢复重建的情况
38	2010 年 5 月 12 日	四川省人民政府	举行"5.12"汶川大地震两周年新闻发布会，向大家通报我省灾后恢复重建的情况

省军区震后迅速向驻川各军分区下达命令，紧急集结部队开赴灾区抢险救灾命令位于灾区的 6 个军分区紧急动员民兵预备役部队投入抢险救灾，开赴汶川、绵阳、德阳等地。

省民政厅牵头负责物质保障工作，除药品由卫生厅接收，工程机械由建设厅接收外，生活物资全部由民政厅进行接收、分发。组织进行灾民临时安置工作，设立临时救助站，搭建临时的灾民安置帐篷，保证灾民的基本生活需求，并根据灾区实际情况，采取不同安置措施，积极开展受灾群众临时安置和过渡性安置工作。

省卫生厅迅速行动，一是紧急组织医疗救援队伍，在震后 1 小时向灾区派出了医疗救护人员；并于随后发出通知，要求全省各市迅速派出队伍增援灾区。二是积极开展省外医疗队伍的安排和抢救任务的分配工作。三是组织医疗急救和卫生防疫宣传工作。四是加强灾区传染病预防和监控工作，确保大灾之后无大疫。

省建设厅迅速向重灾区派出 6 个工作组，重点开展以下工作：一是组织派出专业技术人员和大型机械，开展救援工作；二是组织专家分别对灾区房屋、学校宿舍进行评估与鉴定，并对大型桥梁、污水厂、垃圾厂等设施进行现场评估；三是迅速抢修生命线工程等基础设施。

省水利厅迅速部署抢险救灾工作，一是重点对水库、堤坝、堰塞湖等易发生次生灾害的危险源进行险情排查；二是组织抢险救援队伍徒步进入灾区，降低高危水坝、水库区的水位，采取有力的防控措施；三是明确了建设部、省建设厅和市、县建设部门的排危除险责任范围，实行了堰塞湖、震损工程排危除险和受灾群众供水保障的党委政府负责制，按照各自的应急工作职责，全力做好相关的抢险救援工作。

3.1.5　陕西省级抗震救灾应急响应

受汶川地震影响，陕西省 10 市、92 个县（区）、1022 个乡镇、9357 个行政村不同程度受灾，死亡 125 人，受伤 3390 人，受灾人口 326.56 万，造成直接经济损失 245.08 亿元。

5 月 12 日 16 时，陕西省委常委、常务副省长主持召开省政府紧急会议，启动应急预案，部署抗震救灾工作，并到省应急指挥大厅指挥抗震救灾。副省长分赴汉中、省交通厅，紧急部署抗震救灾工作；对公路交通抢险保畅通提出要求。

陕西省抗震救灾指挥部于 5 月 13 日晚成立，至 7 月 14 日共计召开了 11 次会议，根据抗震救灾的进展，快速做出协调部署，协调、保障抗震救灾工作的有效实施。指挥部会议情况如表 3 - 5 所示。

表 3 - 5　陕西省抗震救灾指挥部举行的会议情况

序号	时间	会议主题	主要内容
1	5 月 13 日晚	成立抗震救灾指挥部	
2	5 月 14 日上午	第 1 次会议,传达 5 月 13 日晚省委常委扩大会议精神,分析全省抗震救灾形势,安排部署下一步的抗震救灾工作	会议要求全力做好伤员救治工作;妥善安排好受灾群众的生活;继续深入排查核实灾情;以道路和建筑物为重点迅速开展恢复重建工作;继续做好防震减灾的各项准备工作;加强社会管理和稳定工作;加大舆论宣传工作力度;全面做好救灾工作的组织领导
3	5 月 19 日上午	第 2 次会议,再次研究部署了全省抗震救灾工作	坚持以人为本,把救治伤员作为首要任务;各有关部门抓紧开展地质灾害的隐患排查、除险治理和应急处置
4	5 月 22 日下午	第 3 次会议,传达学习中央领导考察陕西抗震救灾工作时的重要讲话精神,落实国务院常务会议部署,研究抗震救灾工作的具体措施	继续把救治伤员作为重要任务;千方百计安排好受灾群众的生活;加大地质灾害治理的力度;认真落实国务院常务会议要求,加强机关作风建设,确保抗震救灾和经济社会发展双胜利
5	5 月 23 日下午	省委常委扩大会议,学习贯彻中共中央领导同志关于抗能救灾工作的重要指示精神,研究部署全省抗震救灾工作	要求各级党组织认真学习贯彻胡锦涛总书记在四川召开的抗震救灾工作会议的重要讲话和习近平副主席在陕西考察抗震救灾工作时的重要讲话精神,坚持以人为本,继续做好抗震救灾工作
6	5 月 28 日上午	第 5 次会议,专题研究防范较强余震的有关问题	会议认为,余震总体呈现趋缓、起伏态势。会议要求,有关市县和省级有关部门继续保持高度警惕,采取积极有效的防范措施,努力确保人民生命财产安全
7	5 月 29 日晚	在勉县主持召开会议,专题研究汉中市抗震救灾工作	会议指出,当前汶川震区余震不断,地质灾害风险加大。汉中市和省级各有关部门必须有充分的认识和足够的准备,尽最大努力把灾害损失减轻最低程度
8	6 月 1 日下午	在燕子眨镇政府防震棚内召开第 6 次会议	研究了滑坡治理措施,形成《关于宁强县两处滑坡群口理有关问题的会议纪要》。各级、各部门要以对人民群众生命财产高度负责的精神,抓紧制订治理方案,尽快消除安全隐患
9	6 月 3 日下午	省委常委扩大会议,传达学习中央领导在陕西考察抗震救灾时的重要讲话,安排部署全省学习贯彻工作	要求各级党委和政府把学习贯彻胡锦涛总书记重要讲话作为当前的首要政治任务,认真组织传达学习,自觉贯彻落实。要求按照胡锦涛总书记的要求,把以人为本贯穿于抗震救灾斗争的全过程

序号	时间	会议主题	主要内容
10	6月11日下午	第19次省委常委会议，传达学习，安排部署全省贯彻落实工作	要求各级继续把抗震救灾作为当前最重要、最紧迫的任务抓紧抓好，重视集中安置点建设，妥善安置灾区群众基本生活；抓紧修复公用设施，高度重视滑坡等地质灾害，加大治理力度，确保人民群众生命安全
11	6月27日上午	第20次省委常委会议，传达学习中央领导重要讲话精神	会议强调，各级要继续做好受灾群众安置工作，尽快恢复群众正常的生产生活秩序。要加强监测，防范余震和滑坡、泥石流等次生灾害，加大人口稠密地区和重大基础设施附近地质灾害的治理力度，及时组织人员转移，确保不因次生灾害造成新的人员伤亡
12	7月14日下午	省抗震救灾指挥部第11次会议	学习国务院抗震救灾总指挥部第23次会议精神和近期省委常委会、省政府常务会关于抗震救灾和灾后恢复重建的部署要求，研究余震监测和次生灾害防治等有关问题。会议要求继续做好余震监测和次生灾害防治工作

省军区震后当即调整工作部署，启动抗震救灾应急预案，命令机关、部队迅速进入应急状态，12日19时成立抗震救灾应急指挥所。68210部队根据兰州军区命令，迅速投入抗震救灾斗争。68310部队立即启动抗能救灾应急预案，命令部队转人战备状态，12日20时50分，出动50人组成应急救援防化分队执行救援任务。96401部队迅速启动了应急响应机制，抽调1200人组成抗震救灾预备队。

省地震局于5月12日14时36分召开地震应急指挥部会议，启动本局地震应急预案 I 级响应，部署地震应急工作。14日初步绘出陕西省震区烈度分布图，发出《关于加强四川汶川地震后各项应急工作的紧急通知》。

省民政厅于12日急调5000顶帐篷支援四川灾区，提前10分钟完成装载，调运列车13日早准点发车。会同省财政厅13日紧急下拨救灾应急资金340万元；15日又下拨救灾资金6000万元，并安排灾情核查和上报、制订灾区民房恢复重建方案、救灾物资储备及救灾款管理等工作。

省气象局13日开始提供《交通气象专题预报》。至10月14日共提供《交通气象专题预报》150期、《震区交通气象服务》40期。

省水利厅14日全面分析全省水库震损情况，专题研究安排震后水库水电站大坝及枢纽工程排查除险工作。

省卫生厅15日紧急组派防疫救灾队和医疗救灾指导组，抵达汉中宁强县地震重灾区，帮助指导巡诊，开展灾后防疫工作。16日抽调226名医护人员，紧急奔赴四川地震灾区。省疾病预防控制系统17日紧急抽调40名专业人员组成救灾防疫工作队，征调10辆消杀防疫车和 5 辆疫苗冷藏车，紧急赴四川灾区执行救灾防疫任务。

省发展改革委、省财政厅、省民政厅、省扶贫办、省建设厅、省地震局于 15 日联合下发《关于加快实施农村民居地震安全工程的意见》，对农村民居建设防震安全提出具体要求。

省财政厅、教育厅发出《关于下达省级教育救灾资金的通知》，紧急下达 2500 万，用于受灾地区学校的灾后恢复重建。

省电力公司 16 日紧急调集 17000 根电线杆、145 台配网变压器、235 台发电机、1000 件棉大衣等约 2000 万元的救灾物资，送往四川灾区。17 日抽调 215 名职工组成抗震救灾电力援助队，由西安启程奔赴汉中，帮助恢复汉中电网。

省地质环境监测总站、省地质矿产勘查开发局、长安大学等 11 个地勘单位，17 日抽调 220 名专业技术人员组成 58 个次生地质灾害排查组，截至 6 月 12 日共应急排查 71 个县地质灾害隐患点 1372 处。其中，新发现地质灾害隐患点 296 处，隐患加剧的地质灾害隐患点 291 处。

3.1.6　市（州）县抗震救灾应急响应

3.1.6.1　市级应急响应

1. 阿坝州应急响应

5 月 12 日 14 时 45 分，阿坝州人民政府召开紧急会议，成立州抗震救灾临时指挥部，安排部署全州抗震救灾工作，发布州人民政府关于汶川 7.8 级地震一号公告，启动破坏性地震应急预案，派出州防震减灾局派工作组到震中考察地震情况。

要求各部门按地震应急预案执行，立即展开抗震救灾工作。交通、公路、电信部门派出工作组，动员一切社会力量抢通交通、通信。卫生部门组成抢险小分队，准备出发。武警、森警、消防、公安动员力量立即待命。公安部门立即组织力量到现场维护社会治安。水利、电力部门对水库、电力线路进行检查。教育部门与灾区学校取得联系，离震中最近的学校先停课。应急办、交通、电信、宣传、公安、卫生、民政部门安排人员随队出发。州委办、州政府办发通知要求各县做好抗震救灾工作。武警速派 100 人到汶川。

5 月 12 日 15 时，州委副书记召开抗震救灾联席会议，成立州抗震救灾指挥部，迅速启动应急预案，动员全州力量全力抗震救灾。州政府领导干部 300 余名从不同方向迅速奔向震中和重灾区，指挥抢险救灾。

汶川地震后，阿坝军分区立即启动抗震救灾预案，成立映秀前进指挥所、汶川基本指挥所、马尔康后方指挥所，要求各级领导必须靠前指挥。组织所有人员第一时间进入灾区抢救生命，组织 9 个县人武部和分区独立营参加抗震救灾。组织当地民兵预备役、党员干部进行现场自救互救。

2. 西安市应急响应

震后 20 多分钟，市长等政府领导赶到市地震局听取汇报，市长发布命令启动西安市地震预案。12 日 16 时，市长主持召开市防震紧急会议，对抗震救灾工作进行具体部署。要求市级各部门和区县立即启动处治突发自然灾害应急预案，迅速成立应急抢险领导小组，落实各项应急抢险措施,最大程度保护人民群众生命财产安全。

13日上午,召开市委、市政府紧急会议,对全市的抗震救灾工作进行再部署、再安排。要求各级要进一步做好查灾、救灾工作,下发紧急通知,要求维护人民群众正常生活、生产秩序和社会稳定。

14日,市委召开常委扩大会议,听取市政府党组专题汇报,研究部署下一阶段抗震救灾工作,决定成立西安市抗震救灾指挥部,由市长任总指挥,全面负责当前的抗震救灾工作,市级领导按照分工联系区县、部门,深入一线全力抓好抗震救灾工作。

18日下午,市委、市政府召开专题会议,进一步研究部署全市抗震救灾和加大支援四川灾区工作。

20日下午,为应对相关余震信息,市抗震救灾指挥部召开扩大会议,再次紧急安排、部署抗震救灾工作。

30日,市委召开常委扩大会议,听取市政府党组专题汇报,进一步研究部署抗震救灾和经济社会发展工作。会议强调,当前西安市的抗震救灾工作已从应急阶段转入恢复秩序和灾后重建阶段。

3. 安康市应急响应

地震发生后,安康市委、市政府启动应急响应,成立安康市抗震救灾指挥部。13日,市委、市政府成立了11个抗震救灾指导组,分赴10个县(区),突出抓桥梁、水电站、水库、滑坡体、校舍、危房等隐患排查。14日,市委召开常委扩大会议,听取11个检查指导组汇报,对全市下一步抗震救灾工作进行专题研究部署,制定了检查灾情、灾民生活安排、安全生产监督、治安管理、赈灾捐赠、舆论导向等6项措施。

5月17日,市委召开全市领导干部大会,重点安排部署维护社会稳定和防震防汛减灾工作。5月19日晚,召开紧急会议部署余震应对防范工作,提出了8项具体落实措施。5月26日,市政府召开常务会议,要求各级、各部门毫不放松地抓好抗震救灾工作。

3.1.6.2　县级应急响应

1. 汶川县应急响应

地震发生后,县委、县政府立即启动应急预案,发出抗震救灾命令,组织县城4万余人紧急疏散、转移到安全地带。

从各单位抽调人员,迅速组成抢险救援、医疗救护、道路抢险、维护稳定、后勤保障等8个工作组和13支党员抢险队,连夜徒步分赴各乡镇进村救援。

县人武部人员分成4个小组开展救灾工作,启动储备物资,将库存的10顶帐篷为医院搭建紧急抢救室。组织民兵抢险救灾,派专人前往13个乡镇了解灾情,进村入户救治和安置受灾群众,组织抢救国家一级保护动物大熊猫、二级保护动物小熊猫。组织民兵1900余人在13个乡镇救灾。

2. 北川县应急响应

汶川地震发生后,漩坪乡迅速成立临时指挥部,组织全乡干部和社区干部成立4个抢险搜救小组,分别负责在街道搜救被困群众、带领群众转移和维持治安。在没有任何办公设施和条件的情况下,乡村和机关单位党员、干部身先士卒,进村入户安抚、转移受灾群众,及时调查了解灾情，想办法上报受灾情况。

3. 宁强县应急响应

12 日 15 时 10 分，县委书记主持召开紧急会议，决定立即启动抗震救灾紧急响应，成立县抗震救灾总指挥部。当晚，县委连夜召开各组查灾汇报会，紧急汇总全县受灾情况。

13 日 8 时，县抗震救灾指挥部召开会议，全面安排部署抢险救灾和电力、交通、通信等基础设施抢修工作。组建由县级领导任组长的 26 个抗震救灾工作组分赴各乡镇、村、组、户检查指导抗震救灾工作。

14 日 21 时，县委召开抗震救灾专题常委会议，研究部署全县抗震救灾工作，完善抗震救灾工作预案。决定建立县级领导和部门包抓乡镇抗震救灾工作责任制。

3.1.7　存在的不足

汶川地震震级大、烈度高，地表破裂带长度达到 300 多千米，属于近城市直下型地震，造成基础设施大面积损毁，群众生活受到严重影响，产业发展遭受重大损失，生态环境遭到严重破坏。与东日本大地震造成海啸、核电站泄漏次生灾害类似，汶川地震震后地质次生灾害重，交通、电力、通信大范围中断，灾情信息难以及时掌握，救援人员、物资、车辆和大型设备无法及时进入；同时党政机关损毁严重，抗震救灾工作无法正常运转。

对照新时期国家应急体系要求，汶川特大地震灾害抢险救援中暴露出指挥协调方面的一些问题和不足，主要表现在：

（1）灾害现场救援行动缺乏统一指挥协调和专业支撑。由于极重灾区和重灾区一些党政机关功能受到破坏乃至瘫痪，当地政府无法或难以在震后第一时间迅速设立或启动现场指挥部，现场救援行动缺乏统一指挥协调。震后初期入川的各类救援队伍接受各自部门条条指挥，灾区政府指挥部未建立对接机构，各类队伍也未及时与灾区政府指挥部进行接洽和沟通；使得灾区指挥部对救援力量掌握不足，无法整体协调、部署救援力量；救援队伍之间缺少联系，抢险救援工作各自为战，现场指挥调度处于无序状态。

（2）震后灾情信息快速获取技术尚需研究。震后，基础设施遭到巨大破坏，卫星通信设备缺乏，信息收集、传递受到严重阻碍；灾区地形复杂，航空、雷达侦察效果较差；基层组织遭受重大破坏和人员伤亡严重，灾情收集报告出现严重困难。由此各方第一时间都未能及时获得相对全面准确的灾情信息，无法为正确的指挥决策提供依据，随后逐步获得的信息也存在散、慢、乱和不准的现象，影响了抗震救灾快速有效开展。

（3）震后灾情信息共享机制尚需完善。缺乏数据由基层直接分享至不同级别政府的机制，震后基层组织收集到的灾情信息往往需要逐级上报，影响了灾情数据的时效性、准确性。灾区信息流动都依照部门行政渠道进行垂直传递，增加识别、分析负担，使得一些重要信息没有发挥出应有作用，如绵阳市在地震当天下午组成北川现场指挥部，但由于信息报送和共享因灾区遭受重大破坏而受到严重阻碍，第一时间重要信息没有及时报出和服务于指挥决策，使得初期救援力量都投入到汶川方向。此外，缺乏灾情信息在不同部门之间的共享机制，未形成横向传递渠道，北川营救行动多次被地震谣言干扰，影响了营救进程。

（4）社会应急力量参与救灾救援缺乏统一动员组织、协调管理。2008 年被称为中国公益发展的"元年"，有超过 300 家社会组织、超过 300 万名志愿者参与抗震救灾的各环节、各阶段。但不同机构没有协调配合，造成了救灾物资的分配不均和大量浪费，有的救援队伍甚至成为了灾区的负担。目前，社会应急力量在防灾减灾救灾工作中发挥着越来越重要的作用，成为抢险救援的重要辅助力量，应建立统一的认证、考核、管理体系，引导、激励社会力量有序、规范参与应急管理和防灾减灾救灾工作。

3.2　青海玉树 7.1 级地震

2010 年 4 月 14 日 7 时 49 分，青海玉树州玉树县（北纬 33.1°，东经 96.6°）发生 7.1 级地震，震源深度 14km，最大烈度达到了Ⅸ度（9 度），地震主要造成玉树县和称多县部分地区共 12 个乡镇受灾。灾区总面积约 3 万平方千米，极重灾区约 900 平方千米，主要集中在结古镇（该镇同为玉树州、玉树县政府所在地）。截至 2010 年 5 月 30 日 18 时，玉树地震已造成 2698 人遇难。地震发生后，党中央、国务院高度重视。正在国外访问的中共中央总书记、国家主席、中央军委主席胡锦涛，中共中央政治局常委、国务院总理温家宝分别作出重要指示，要求全力做好抗震救灾工作，千方百计救援受灾群众，同时要加强地震监测预报，落实防范余震措施，切实安排好受灾群众生活，维护灾区社会稳定。温家宝还专门致电青海省委书记询问受灾情况，并转达他对灾区群众的关心和慰问。中共中央政治局委员、国务院副总理回良玉立即作出工作部署，成立了国务院抗震救灾指挥部，率国务院有关部门和军队、武警部队负责同志紧急赶赴灾慰问受灾群众，指导抗震救灾工作[36]。

3.2.1　指挥体系

同汶川地震类似，玉树地震中国务院、青海省、玉树州也都成立了抗震救灾指挥部，军队也成立了抗震救灾联合指挥部。

国务院抗震救灾总指挥部于 4 月 14 日 12 时 30 分，在首都机场成立，回良玉副总理任总指挥，青海省委书记和国务院有关部门负责同志任副总指挥，下设抢险救灾、群众生活、卫生防疫、基础设施保障和生产恢复、地震监测、社会治安、宣传、综合等 8 个工作组，如图 3 - 10 所示。4 月 19 日增设灾后恢复重建组，共 9 个工作组，同时在玉树设立一线联络组。

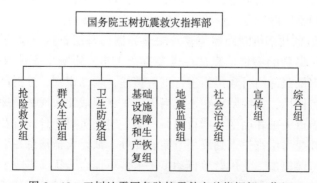

图 3 - 10　玉树地震国务院抗震救灾总指挥部工作组

与汶川地震时相比，主要不同之处表现在：①青海省委书记担任国务院抗震救灾指挥部副总指挥；②基础设施保障组和生产恢复组合并为一组，少了水利组和灾后重建规划组，增设了综合组。有利于实现青海省抗震救灾组织与国务院抗震救灾指挥组织的协调。

4 月 14 日 9 时，青海省委、省政府召开抗震救灾紧急会议，安排部署抗震救灾和应急处置工作。同日，省委、省政府成立抗震救灾工作领导小组，全面负责玉树抗震救灾工作；成立青海省玉树抗震救灾指挥部，指导协调抗震救灾工作，指挥部下设玉树现场指挥点和西宁指挥点。

西宁指挥点由常务副省长任指挥长，下设综合协调组、信息综合组、铁路运输工作组、物资保障组、交通道路保障组。玉树现场指挥点由省长任指挥长。为和国务院玉树抗震救灾总指挥部下设的 8 个工作组衔接，玉树现场指挥点 14 日也设 8 个工作组。16 日，省玉树抗震救灾指挥部决定增加组织纪检组，20 日增加审计组，如图 3 - 11 所示。

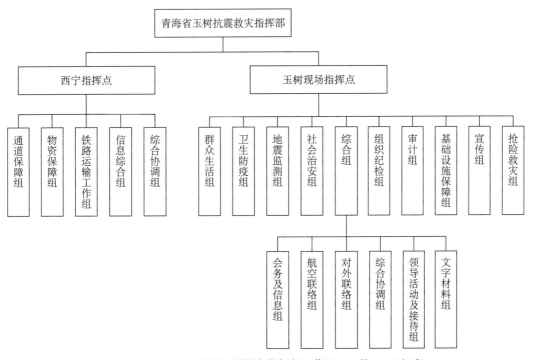

图 3 - 11　玉树地震省抗震救灾指挥部工作组（4 月 20 日之后）

4 月 14 日 8 时 30 分，玉树州成立抗震救灾临时指挥部，下设 7 个工作组，如图 3 - 12 所示。玉树州抗震救灾临时指挥部是地震灾区第一个建立起来的政府抗震救灾指挥机构，在青海省抗震救灾指挥部玉树现场指挥点到达后取消。

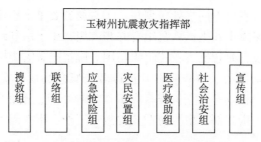

图 3 - 12　玉树地震玉树州抗震救灾指挥部工作组

青海省军区独立团于 4 月 15 日 4 时多赶到玉树灾区，为第一支到达的外部救援力量。军队抗震救灾联合指挥部由兰州军区于 2010 年 4 月 16 日奉命成立，负责统一指挥进入灾区的各军区部队、武警、特警、消防与专业救援队伍，实现了对参战部队的统一指挥与协调，如图 3 - 13 所示。

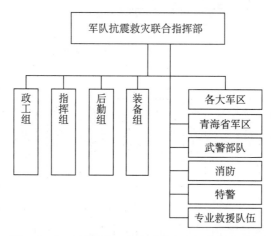

图 3 - 13　玉树地震军队抗震救灾指挥部组织结构

3.2.2　国务院抗震救灾指挥部应急响应

自国务院抗震救灾总指挥部成立到 2010 年 8 月 19 日召开全国抗震救灾总结表彰大会，期间共进行 18 次总指挥部会议，根据抗震救灾的进展，快速做出协调部署，协调、保障抗震救灾工作的有效实施。总指挥部举行的 18 次会议情况如表 3 - 6 所示*。

---

　*　整理自青海新闻网相关报道及参考文献 [36]。

表 3-6　国务院抗震救灾总指挥部召开的会议情况

序号	时间	地点	主要内容
1	4月14日12时30分	首都机场	国务院成立抗震救灾总指挥部
2	4月14日晚上	玉树州军分区	对抢险救援工作提出了十点要求
3	4月15日11时	重灾区结古镇	研究解决当前抗震救灾中存在的突出问题,制定出台灾民安置政策(国务院,省指挥部联席会议)
4	4月15日20时40分	玉树	温家宝主持召开国务院抗震救灾总指挥部会议,听取玉树地震抗震救灾情况汇报并作重要指示,安排部署当前抗震救灾的十项工作
5	4月16日12时20分	玉树	要全面贯彻落实温家宝总理在玉树地震灾区考察时的讲话精神,细化、实化各项要求和工作措施,进一步做好抗震抢险救灾工作
6	4月17日下午	北京	中共中央政治局常务委员会召开会议,全面部署青海玉树抗震救灾工作
7	4月17日晚上		学习传达中央政治局常委会议精神,研究细化实化抗震抢险救灾工作的具体措施
8	4月19日下午	北京	继续有力有序有效地推进抢险救灾抓紧研究制定灾后恢复重建方案;决定成立灾后恢复重建组
9	4月21日上午	北京	全面启动灾后恢复重建规划各项工作
10	4月23~24日	玉树	当前抗震救灾工作进入新的阶段,要把进一步安置好受灾群众、全面恢复正常秩序、开展灾后重建摆在突出位置
11	4月26日	北京	专题研究部署玉树地震灾区学生复课、卫生防疫等工作
12	4月29日	北京	专题研究部署玉树地震灾区废墟清理、交通运输保障等工作
13	5月1~2日	玉树	温家宝主持会议,研究灾后恢复重建工作,强调要科学依法统筹做好抗震救灾和恢复重建工作
14	5月6日	北京	听取并审议国家减灾委专家委员会对玉树地震灾害的评估报告,研究灾后恢复重建工作指导意见
15	5月14日	北京	研究当前抗震救灾和灾后恢复重建有关工作
16	5月19日	北京	温家宝召开国务院常务会议,研究部署玉树地震灾后恢复重建工作
17	5月27日	北京	研究玉树地震灾区受灾群众过渡安置和灾后恢复重建对口援建工作
18	6月2日	北京	审议《玉树地震灾后恢复重建总体规划》,研究玉树地震灾区学生复课和转移就学、伤员治疗康复和卫生防疫工作
19	6月20日	西宁	全面部署灾后恢复重建及对口援建工作

3.2.3　国务院抗震救灾指挥部成员单位应急响应

国新办自 2010 年 4 月 15 日开始至 26 日，共计举办了十一次新闻发布会，每次发布会邀请有关部门、部委、地方政府等介绍抗震救灾方面的有关情况。历次新闻发布会的时间、发言人员、主题见表 3 - 7 *。

表 3 - 7　玉树 7.1 级地震国新办历次新闻发布会简要情况

序号	时间	参与单位	主题
1	4 月 15 日（星期四）16 时 10 分	民政部、中国地震局、中国地震台网中心	介绍青海玉树地震灾害和抗震救灾进展情况
2	4 月 16 日（星期五）16 时 10 分	卫生部、中国地震局、地震预测研究所	介绍青海玉树抗震救灾医疗救治和卫生防疫等方面工作
3	4 月 17 日（星期六）10 时 10 分	交通运输部、铁道部、中国民航局	玉树抗震救灾交通运输等情况发布会
4	4 月 18 日（星期日）10 时	民政部、中国地震局	青海玉树地震灾害和抗震救灾进展情况
5	4 月 18 日（星期日）16 时	公安部	介绍公安机关抗震救灾工作和维护灾区社会治安有关情况
6	4 月 19 日（星期一）16 时	工业和信息化部、国家电力监管委员会	介绍青海玉树地震抗震救灾的通信保障、物资工具保障情况和救灾保电等方面情况
7	4 月 20 日（星期二）10 时	国防部、兰州军区、总参、总后、武警部队	介绍解放军和武警参加青海玉树抗震救援工作情况
8	4 月 21 日（星期三）15 时	国家发展改革委	介绍灾区基础设施修复及应急物资保障工作进展情况
9	4 月 22 日（星期四）10 时	民政部	介绍地震灾区救灾工作进展情况
10	4 月 23 日（星期五）10 时	卫生部、农业部	介绍青海玉树抗震救灾医疗救治和卫生防疫工作
11	4 月 26 日（星期一）10 时	青海省	介绍玉树抗震救灾和灾后重建等方面情况

发改委、教育部、科技部、公安部、民政部、国土部、商务部、中国地震局等单位在第一时间启动了应急机制，分别成立了抗震救灾指挥部、领导小组，协调、指导成员单位、行

---

* 整理自青海玉树地震期间历次国务院新闻发布会文字实录。

业抗震救灾工作。

发改委于 4 月 14 日 18 时召开专题会议，研究部署抗震救灾工作。紧急下达中央预算内补助资金 5000 万元，协调应急发电设备、调运成品油。15 日，牵头成立基础设施保障和生产恢复组，召开第一次全体会议，要求各成员单位按照抗震救灾总指挥部的统一安排，全力做好抢险维护、物资供应等重点工作。

教育部建立 I 级响应机制，组建救灾工作领导班子，下设 8 个工作组，建立救灾值班工作制度。4 月 14 日，教育部副部长抵达玉树，指挥教育系统抗震救灾，研究、协调解决有关问题。

科技部启动科技救灾应急机制，成立科技抗震救灾领导小组，召开科技抗震救灾专家组会议，听取各方面的建议，启动应急科技项目。4 月 17 日晚，召开科技部玉树地震抗震救灾工作组第二次会议，要求各级科技部门要发挥科技优势作用，及时提出有效的技术措施和科学合理的政策建议。

公安部副部长 4 月 14 日抵达灾区，担任现场公安各警种统一指挥，负责灾区社会治安维稳工作。在灾区一线成立前方工作组，从全国调集公安特警 540 名、公安消防特勤 1183 名、公安边防医护人员 173 名赶赴灾区开展救援。无偿调拨行军床、睡袋等大批物资总价值约 1500 万元。

民政部 4 月 14 日 8 时 30 分启动国家 IV 级救灾应急响应，12 时提升至 I 级。14 日晚，牵头成立国务院抗震救灾总指挥部群众生活组，建立工作制度，做好抗震救灾工作。19 日上午召开部长办公会议，研究部署玉树抗震救灾工作。与铁道部、民航局、总参作战部迅速启动救灾联动机制，从天津、沈阳、郑州、武汉、西安 5 个中央救灾物资储备库向玉树灾区调拨棉帐篷 5000 顶、棉大衣 5 万件、棉被 5 万床，帮助受灾群众解决生活困难。

财政部紧急下拨救灾资金 2 亿元，18 日上午召开部长办公会议，研究部署进一步支持抗震救灾工作；20 日再次下拨救灾资金 3 亿元。

人社部部长多次作出指示，要求尽快了解灾区人力资源社会保障系统人员伤亡和财产损失情况，提出需要帮助和解决的事项；16 日，成立以副部长为组长的抗震救灾领导小组，筹措资金 160 万元支援灾区。

国土资源部 14 日成立抗震救灾领导小组，启动救灾应急预案，部署抗震救灾工作。调集 100 多名专业人员开展地质灾害应急排查和灾民临时安置点选址评估等工作；调集 5 架航遥飞机拍摄震后遥感照片；国土资源部副部长到玉树现场指导工作。16 日上午、17 日 20 日分别召开抗震救灾领导小组第二次、第三次会议，要求做好地灾排查、基础信息资料服务、安置点选址、灾后恢复重建规划选址等工作。

住建部调派 13 人专家组于 4 月 15 日到达玉树灾区进行应急评估。18 日下午，召开住建部第四次抗震救灾工作会议，要求派出桥梁检测专家，做好公共建筑和普通住宅的受损评估工作。

铁道部震后发布紧急命令，要求各铁路局以最快速度将救灾物资运抵灾区和最急需的地方。16 日，铁道部党组成员、政治部主任到西宁对铁路抗震救灾工作作出部署，实地查看抗震救灾物资运输工作。

交通运输部 14 日，以战时保障方式进入应急状态，召开会议安排部署抗震救灾工作，要求全力开展受损公路的抢通保通工作；14 日 24 时，交通运输部副部长在玉树机场主持召开会议，强调要发挥空中生命线的最大作用；15 日向青海省交通部门紧急拨付 1000 万元的抢险救灾专项资金，支持灾区开展公路抢通保通工作。

工信部启动工业产品应急保障工作预案，向灾区紧急调运发电设备、油料、医疗器械及药品等物资器材。党组成员、总工程师带领运行监测协调局、电信管理局相关人员，54 所工程师携应急指挥车抵达玉树。

水利部 14 日 18 时 30 分召开工作组专题会议，安排水利部门抗震救灾工作。15 日上午，水利部副部长带领专家组共 21 人现场查看情况；16 日召开视频会商会议，成立 7 个抗震救灾工作组，向玉树灾区提供技术、物资、人员等全方位的援助。

商务部启动一级救灾应急响应机制，成立领导小组，召开紧急会议要求保障灾区群众基本生活需要。安排资金 100 万元并向灾区调运 600 吨牛羊肉。通过组织支援帐篷商店、板房商店、流动售货车等在灾区销售商品，带动灾区个体经营户恢复经营。

卫生部 14 日迅速成立应急领导小组，启动应急预案，派出 5 支 287 人的医疗卫生救援队，组织调遣 1618 名医疗卫生人员奔赴救灾第一线。震后当天迅速制定危重伤员转运方案，确保伤员转运工作安全有序展开。

环保部 15 日组建 20 人专家队伍赶赴灾区开展环境监测和应急救援工作，紧急采购一批总价值 580 万余元应急监测物资支援灾区。组织编写多份手册送往灾区一线，指导灾区开展污染防治工作，保障灾区人民群众健康和生态环境安全。

中国人民银行召开电视电话会议，传达国务院关于做好玉树抗震救灾工作会议精神，安排部署应急处置工作，成立玉树抗震救灾工作领导小组，统一协调抗震救灾工作。20 日召开电视电话会议，通报抗震救灾工作情况，部署抗震救灾工作。

民航局 14 日紧急调派 6 架大型运输机满载救援人员和物资陆续抵达西宁和玉树机场，抽调专业人员 70 多名、作业车辆 15 台支持玉树运输保障工作。派出专业技术小组到玉树机场现场指导协调。

地震局迅速启动一级响应，于震后 11 分钟派出 24 人组成的国家地震现场工作队赶赴灾区协助指导开展地震现场应急工作，架设 4 台微震观测仪。协调派出国家地震灾害紧急救援队和其他省地震灾害紧急救援队赶赴灾区开展抢险救援行动。启动西部片区地震应急救援协作联动工作机制，区域内单位派出现场工作队在灾区开展相关工作。

国家测绘局震后要求在京单位做好供图、提供地理信息数据及技术服务工作；调集 7 架无人机到玉树灾区开展航空摄影，召开党组会议研究部署抗震救灾测绘保障工作。先后提供灾区地图、高分辨率卫星遥感影像、交通保障图、影像图等数据资料，用于灾区抢险救灾、灾民安置、城乡规划、基础设施建设等工作。

中国气象局紧急拨付 100 万元救灾资金支持玉树震区气象部门抗震救灾。15 日、23 日局长通过视频连线要求有针对性地开展预报工作，给政府和各级领导提供精细化的气象预报服务。

国资委震后及时印发《关于中央企业做好青海玉树抗震救灾工作的紧急通知》，部署中央企业做好玉树抗震救灾工作，严格值班制度，畅通信息渠道。中国中铁、中国铁建、中国水电、中国冶金、东方电气等企业组织灾区周边队伍，组建抗震救灾救援队迅速赶往灾区参加救援工作；地处灾区及附近的中央企业向灾区调运吊车等大型施工设备；有关建筑施工企业组织抢险队伍参与抗震救灾。

军队方面，地震发生后，军委、总部迅速发出救灾号召，调动部队赶赴玉树抗震救灾。中央军委委员、中国人民解放军总参谋长致电兰州军区部署任务。截至 15 日凌晨，动用兵力 6390 人，其中包括协助勘测灾情的海军某型飞机。

救灾期间，军队和武警部队坚决贯彻上级命令指示，总计投入兰州、成都、北京、济南军区和空军、二炮、武警部队兵力 15843 人、民兵预备役 2773 人，19 支医疗队、3 支防疫队、2 个方舱医院、3 个专家组，10 架运输机、3 架直升机，各型通用车辆 498 辆、工程机械 397 部。

4 月 15 日，国务院抗震救灾总指挥部副总指挥、总参作战部部长率四总部前方工作组抵达玉树，22 时四总部前方工作组召开会议，成立指挥组、政工组、后勤组和保障组。6 月21 日，军队和武警部队玉树地震救援任务大部分完成，任务部队分批回撤。

总政治部在地震发生不久抽调相关人员组成抗震救灾政治工作应急办公室；15 日军委抗震救灾专题会议结束后，立即研究提出 10 条具体措施，先后 5 次发文，部署抗震救灾政治工作。

总后勤部在 15 日开会强调，要坚决贯彻落实军委主席和首长重要指示精神，全力以赴做好抗震救灾后勤保障。抗震救灾中分 3 次为兰州军区拨款 7000 万元，为兰州军区任务部队补充各类后勤物资 71.87 万台（套）。

总装备部派出前方工作组赴一线指导救援行动装备保障。为参加抗震救灾部队调拨补充车辆、工程装备维修器材、防化装备维修器材、机具设备总价值 2350 万元；紧急空运补充通信设备、导航设备等价值 2006 万元，并从成都军区紧急空运工程抢险箱组、多功能液压钳等 8 类 61 套抗震救援专用器材。

依据国务院抗震救灾总指挥部、内设工作组进行的主要协调工作，各成员单位在初期的应急响应启动工作，制作形成了汶川地震国务院抗震救灾总指挥部应急响应时刻表，见附件3 - 3。

3.2.4　青海省级抗震救灾应急响应

4 月 14 日 9 时，省委、省政府召开抗震救灾紧急会议，安排部署抗震救灾和应急处置工作。10 时，省委、省政府紧急启动《青海省自然灾害救助应急预案》，并实施一级应急响应。11 时 30 分，省委书记主持召开十一届省委第 92 次常委会议，部署抗震救灾工作。15时 20 分，省长和省委常委、政法委书记抵达玉树县结古镇，现场指挥抗震救灾工作；16 时20 分，省委书记抵达玉树县结古镇，现场指挥抗震救灾工作。

4 月 14 日，成立青海省玉树抗震救灾指挥部，指导协调抗震救灾工作，指挥部下设玉树现场指挥点和西宁指挥点。此外，还成立了西宁机场航班协调及救灾物资人员进出领导小组以及青海省抗震救灾资金物资监督检查领导小组。

4 月 15 日，青海省王树抗震救灾指挥部成立西宁机场航班协调及救灾物资、人员进出领导小组，下设机场运力协调工作组，机场救灾人员物资分流、运送工作组，各地支援灾区机场救援物资接收工作组，机场周边环境安全保障工作组，机场中转人员滞留保障工作组。

主要职责是负责协调确定西宁机场航班及救援人员、救灾物资转运，确保救援人员、救灾物资及时安全运往灾区，接受灾区伤员等事宜。

4月21日，省委、省政府抗震救灾领导小组，省玉树抗震救灾指挥部为加强对玉树抗震救灾决策部署落实情况和资金物资管理使用情况的监督检查，决定成立青海省抗震救灾资金物资监督检查领导小组。

自4月14日成立至6月11日转为灾后重建现场指挥部，期间省抗震救灾指挥部共召开了25次会议，根据抗震救灾的进展，快速做出协调部署，协调、保障抗震救灾工作的有效实施。省抗震救灾指挥部举行的25次会议情况如表3-8所示。在此期间，青海省委、省政府，省抗震救灾指挥部发布了50多项文件，协调、规定、引导救灾力量、资源，实现抗震救灾工作的有力开展，其中以省抗震救灾指挥部发布的文件为50项，发布文件记录情况如图3-14所示。

表3-8　青海省抗震救灾总指挥部召开的会议情况

序号	时间	地点	主要内容
1	4月14日 9时	西宁	立即启动Ⅰ级应急响应，成立了省抗震救灾指挥部，下设玉树现场指挥点和西宁指挥点
2	4月14日 23时	西宁	省长主持召开省玉树抗震救灾现场指挥部第一次会议，省委书记出席并作重要讲话。李鹏新及指挥部成员参加会议
3	4月15日 11时	重灾区结古镇	研究解决当前抗震救灾中存在的突出问题，制定出台灾民安置政策（国务院，省指挥部联席会议）
4	4月15日 23时	重灾区结古镇	贯彻落实中央领导对玉树抗震救灾工作的指示精神，提出15项具体贯彻措施
5	4月16日 10时	西宁	西宁指挥点紧急会议，认真学习贯彻落实中央领导重要指示精神，紧急部署下一步工作任务
6	4月16日 12时20分	玉树	中央领导在玉树灾区召开联席会议，听取总指挥部和省抗震救灾指挥部各组贯彻落实讲话精神的具体措施和工作进展情况汇报
7	4月16日 16时20分		指出抗震救灾工作要从紧急状态进一步向有序状态转变，做到依法救灾、科学救灾。省长就做好具体工作进行部署
8	4月17日 21时		听取指挥部成员单位关于落实指挥部第三次会议精神的情况汇报和下一步工作安排意见，并进一步安排部署近日抗震救灾的具体工作
9	4月18日 21时		传达贯彻中央领导视察玉树地震灾区时的重要讲话精神和中央政治局常委会议精神，对推进抗震救灾工作作出部署
10	4月19日 19时30分		就深入落实中央领导重要讲话精神、进一步做好有关工作做了具体安排。对抗震救灾全面转入新阶段的有关重点工作进行安排部署，强调抗震救灾要从紧急状态全面转入有序状态，启动灾后重建工作

续表

序号	时间	地点	主要内容
11	4 月 19 日		审议省发改委关于《青海省玉树地震灾后重建工作方案》和《青海省玉树地震灾后重建规划工作实施方案》，研究部署启动玉树地震灾区灾后重建工作
12	4 月 21 日 19 时 30 分		听取当前重点工作进展情况和存在问题的汇报。抗震救灾已经从紧急状态全面转向有序状态，已经从抢险救灾全面转入灾后重建，要一手抓全面恢复正常秩序，一手抓灾后重建
13	4 月 24 日 19 时 30 分		学习传达中央领导视察灾区时的讲话精神，安排部署新阶段抗震救灾工作。提出贯彻意见，并就做好当前灾后重建工作提出具体要求
14	4 月 24 日 19 时 30 分		听取玉树州和省抗震救灾指挥部各组工作进展情况汇报，就一些具体问题提出要求。 会议决定，从 26 日起，省抗震救灾指挥部会议由省抗震救灾总指挥部副总指挥、玉树州委书记主持
15	4 月 26 日 14 时		中央领导在省抗震救灾指挥部召开会议，听取青海省委、省政府抗震救灾工作情况的汇报并作重要讲话
16	4 月 26 日 19 时 30 分		传达中央领导视察灾区时的重要讲话精神，听取当前重点工作情况汇报，安排部署下一步工作重点
17	4 月 27 日 19 时 30 分		省玉树抗震救灾指挥部召开会议。就当前工作进展和抓好有关重点工作提出意见
18	4 月 28 日 19 时 40 分		通报当天中央军委领导到灾区视察指导工作的情况，就明确当前工作目标提出重要意见，对下一步工作提出了具体要求
19	4 月 28 日 21 时 20 分		召开玉树州、县、乡三级干部会，总结前一阶段抗震救灾工作，安排部署下一阶段过渡安置、恢复秩序、灾后重建各项工作
20	5 月 31 日		省玉树抗震救灾指挥部在西宁举行新闻发布会。通报玉树地震遇难、失踪人员的核实情况，受灾群众安置、灾区恢复正常秩序和灾后重建情况
21	6 月 2 日 14 时	玉树	传达中央领导重要讲话精神并就贯彻讲话精神提出具体要求，就贯彻落实温家宝重要讲话精神、做好灾后重建工作进行部署
22	6 月 3 日 9 时		专题研究《地震灾区危房鉴定拆除及建筑垃圾清运工作方案》（草案）和《受灾群众过渡期安置工作方案》（草案）
23	6 月 3 日 18 时		研究禅古村一社地震滑坡隐患点险情问题，安排部署紧急救援事宜
24	6 月 11 日		宣布省委、省政府成立省玉树地震灾后重建现场指挥部的决定，标志着玉树抗震救灾正式迈人灾后重建阶段
25	6 月 11 日		学习贯彻中央领导讲话精神，提出具体要求，部署灾后重建工作

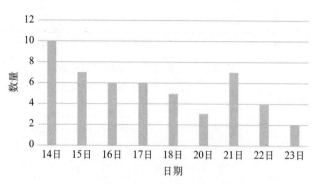

图 3-14　玉树 7.1 级地震青海省抗震救灾指挥部发布文件数量示意图

　　青海省新闻办公室自 2010 年 4 月 14~27 日，共计召开 20 次新闻发布会，历次新闻发布会的主要信息如表 3-9 所示。

表 3-9　青海省新闻办新闻发布会主要情况

序号	时间	人员	主题
1	14 日 12 时 30 分	新闻中心、省政府新闻办公室	青海省委省政府全面部署震区救灾行动
2	15 日 12 时	新闻中心、省政府新闻办公室	青海省抗震救灾指挥部新闻中心举行第二次新闻发布会
3	15 日 18 时	省民政厅、省红十字会、省慈善总会	通报省民政厅省红十字会接收捐赠款物统计情况
4	16 日 10 时	省委教育工委、省教育厅	省委教育工委、省教育厅向媒体介绍相关情况
5	16 日 12 时	青海机场有限公司	西部机场集团青海机场有限公司向媒体介绍相关情况
6	16 日 13 时 30 分	玉树抗震救灾指挥部	就灾区人员伤亡情况向媒体进行通报
7	17 日 9 时	公安机关	公安机关就"4·14"抗震救灾情况向媒体进行通报
8	17 日 9 时 30 分	卫生部门	卫生部门就"4·14"抗震救灾情况向媒体进行通报
9	17 日 9 时	玉树抗震救灾指挥部	安排指挥部各工作组负责同志向中外媒体介绍抗震救灾的有关情况

续表

序号	时间	人员	主题
10	18 日 13 时	省财政厅	省财政厅就财政部门开展资金保障、物资采购和接收捐赠等情况向媒体记者做了通报
11	19 日 10 时	省文化新闻出版系统	省文化新闻出版系统就"4·14"抗震救灾情况向媒体进行通报
12	19 日 14 时	省农牧系统	省农牧系统就"4·14"抗震救灾情况向媒体进行通报
13	19 日 15 时	国家地震灾害紧急救援队、安监总局、民航局及青海机场公司、中石油青海销售公司、省电力公司、省组织部	就有关人员搜救、电力保障、燃油补给、航空运输、基层动员等方面的情况向中外媒体进行发布
14	20 日 9 时	省地震局	省地震局就"4·14"抗震救灾情况向媒体进行通报
15	20 日 17 时	省气象部门	省气象部门就"4·14"抗震救灾情况向媒体进行通报
16	21 日 14 时	省通信管理局	省通信管理局就"4·14"抗震救灾情况向媒体进行通报
17	21 日 15 时	玉树抗震救灾指挥部	通报了省委省政府召开的玉树地震灾区灾后重建工作会议精神的有关情况
18	22 日 9 时	省商务厅、教育厅、民政厅、农牧厅、环境保护厅	省商务厅、教育厅、民政厅、农牧厅、环境保护厅等相关部门负责同志介绍抗震救灾工作的有关情况
19	22 日 10 时	省卫生厅	省卫生厅负责同志介绍抗震救灾工作的有关情况
20	27 日	省纪委，省组织部	就抗震救灾中各级党组织、党员领导干部和广大党员带领干部群众奋力夺取抗震救灾阶段性重大胜利等情况进行介绍

3.2.5　州县抗震救灾应急响应

玉树地震发生后 20 分钟，州委常委、州委秘书长组织召开玉树州抗震救灾临时指挥部会议，启动应急预案，成立临时指挥部，下设搜救、联络、应急抢险、灾民安置、医疗救护、社会治安、宣传 7 个小组。

联系玉树军分区搭建玉树州抗震救灾指挥部帐篷，指挥全州 6 县和州直机关 40 多个部门迅速开展人员搜救、灾情勘察和应急处置工作；组成 5 支小分队赶赴机场、214 国道通天河大桥、隆宝镇等方向查看灾情；建立重大问题、重大事项随时通报研究制度，将受灾区域划分为19个片区，成立临时基层党组织，形成齐心协力、共同抗震救灾的格局。震后半小时开通6部对外电话和网络，建立起和外界的联系，发布救灾信息。

3.2.6　存在的不足

汉川地震和玉树地震政府建立了国家、省和州三级指挥体系，汉川地震有部分乡镇也建立了指挥部，但汉川地震前期军地指挥不统一，玉树地震中军、地统一指挥。玉树地震中，国务院抗震救灾总指挥部主要是制定省级部门无法出台的政策，调集资源支持，协调青海省和其他救灾主体的工作，而青海省指挥部则负责具体的指挥调配落实，其中玉树现场指挥点负责抢险救灾工作，西宁指挥点负责航班、物资和人员运送等后勤工作。

此外，玉树地震中各级指挥部进行明确分工，内设工作组基本在7~10个，工作组名称不一致但职能基本相近。军队联合指挥部也纳入青海省现场指挥部管理，建立科学合理的指挥系统，统一指挥，统一部署工作，有效地协调和统一救援工作，提高救援效率。但在应急救援过程中也存在一些问题，对玉树州14个基层单位（部门）灾后调研分析得出，共性问题主要集中在物资缺乏、信息不畅、统计困难、预案操作性差、人员有限、初期工作混乱、组织协调能力差、防震意识差等方面。在指挥协调、信息共享方面主要表现在：

（1）初期应急指挥协调都出现短暂混乱现象，对大震巨灾应对缺乏经验；各相关机构横向联系较弱，没有建立协作机制，造成灾情信息流动缓慢，不利于现场指挥决策调度，特别是各类救援力量的统一指挥直到16日军队抗震救灾联合指挥部成立才得以解决。

（2）汉川、玉树地震中国家、省、州指挥部基本都设置了宣传组，但没有设置灾情信息组，使得灾区信息在缺乏部门横向流动的同时，在不同层级指挥部之间的垂直渠道也存在障碍，没有上下一致的信息收集、汇总机制、部门，利于政府和社会获得权威的灾情数据，也不能为救援力量分配和防御次生灾害提供决策支持。

（3）各级指挥部未充分考虑少数民族地区救援差异。玉树州藏族人口占97%，由于民族差异，存在语言、风俗差异，使救援行动陷入困境。语言障碍给了解当地情况、提供指导和建议带来困难；初期灾区人民坚持风俗习惯，阻碍了救援工作开展，通过政府紧急疏导，灾民的抵制情绪逐渐缓解，开始愿意接受外族的救援，但延误了黄金救援时间。

3.3　四川芦山7.0级地震

2013年4月20日8时02分，四川芦山县（北纬30.3°，东经103.0°）发生7.0级强烈地震，震源深度13km，最大烈度达Ⅸ度（9度）。芦山地震是四川省自2008年5月12日汉川8.0级特大地震发生后，5年内龙门山断裂带发生的又一次影响巨大的地震，也是雅安市有史以来破坏性最强、波及范围广、救灾难度最大的一次自然灾害。地震波及四川省13个市（州）119个县（市、区），受灾面积1.25万平方千米，占全市辖区面积的81.2%，造成218.4万人受灾，196人死亡。地震发生后，中共中央总书记、国家主席、中央军委主席习近平作出重要指示，要求抓紧了解灾情，把抢救生命作为首要任务，千方百计救援受灾群众，科学施救，最大限度减少伤亡。中共中央政治局常委、国务院总理李克强作出批示，要求全面做好抗震救灾工作。中共中央政治局委员、国务院副总理汪洋立即召开会议，决定启动国务院抗震救灾 I 级响应。国务院有关部门和军队、武警部队有关方面紧急赶往灾区组织抗震救灾工作。

3.3.1　指挥体系

3.3.1.1　国家级、省级指挥部

芦山地震中，政府方面，形成由国务院抗震救灾前线指挥部、四川省抗震救灾总指挥部、雅安市等 6 个市级指挥机构、芦山县等 8 个县级应急指挥部构成的应急组织指挥体系[37]，如图 3 - 15 所示。

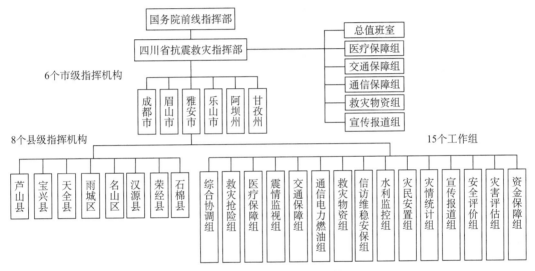

图 3 - 15　芦山地震应急指挥体系

4 月 20 日上午地震发生后，中共中央总书记、国家主席、中央军委主席习近平作出重要指示，要求抓紧了解灾情，把抢救生命作为首要任务，千方百计救援受灾群众，科学施救，最大限度减少伤亡。根据习近平指示精神，中共中央政治局委员、国务院副总理汪洋立即召开会议作出抗震救灾工作部署，根据国家地震应急预案，决定启动国务院抗震救灾 I 级响应，决定由国务院和四川省分别成立"4·20"地震抗震救灾前线指挥部，国务院有关部门和军队、武警部队有关方面紧急赶往灾区组织抗震救灾工作。

芦山地震中，国务院设立抗震救灾前线指挥部。由中共四川省委、四川省人民政府直接统一指挥调度地方和军队各方救灾力量投入抢险救援。凡需与国家部委、兄弟省（区、市）衔接的事项，由省抗震救灾指挥部统一报国务院前线指挥部协调。抗震救灾实行"省、市、县三级合一，系统对接，统一调度，省指挥、市安排、县落实"的应急指挥体制，按不同职能处理不同层次问题，国家级、省级指挥部如图 3 - 15 所示。

4 月 21 日 8 时 30 分四川省抗震救灾指挥部在芦山县召集省、市、县及相关部门负责人研究芦山地震抗震救灾相关工作。会议通报，国务院设立抗震救灾前线指挥部。

4 月 20 日 13 时 30 分，中共四川省委、四川省人民政府在芦山县龙门乡成立四川省

"4·20"芦山地震抗震救灾指挥部，由省委书记任指挥长，省政府主要负责人和中共四川省委副书记任副指挥长，17位省军级领导任成员，指挥部下设省总值班室、医疗保障、交通保障、通信保障、救灾物资、宣传报道等6个工作组。

3.3.1.2　市县级指挥部

4月20日8时27分中共雅安市委、雅安市人民政府召开紧急会议（雅安市抗震救灾指挥部第一次会议），决定立即启动地震应急 I 级响应，成立"4·20"芦山强烈地震雅安市抗震救灾指挥部，设立综合协调、救灾抢险、医疗保障、震情监视、交通保障、通信电力燃油、救灾物资、信访维稳安保、水利监控、灾民安置、灾情统计、宣传报道、安全评价、灾害评估、资金保障等15个工作组。4月26日，将雅安市抗震救灾指挥部名称规范为"雅安市'4·20'芦山强烈地震抗震救灾指挥部"，下设综合协调、救灾抢险、医疗保障、震情监视、交通保障、通信电力燃油、信访维稳安保、救灾物资、水利监控、灾民安置、灾损统计、宣传报道、安全评价、灾害评估、资金保障、监督检查、群众工作、地质灾害防治、社会管理服务19个工作组[38]，如图3-16所示。

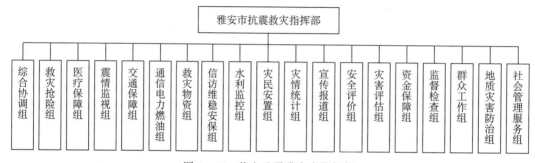

图 3-16　芦山地震雅安市指挥部

芦山地震中，受影响的雅安市下辖诸多区县也在震后当日成立了指挥部，部分区县指挥部工作组随形势进行了调整，如图3-17所示。

芦山县抗震救灾指挥部下设13个工作组，至5月11日，共召开会议15次，专题会议36次，制定出台文件、政策200余个。

宝兴县抗震救灾指挥部下设7个工作组和3个片区抗震救灾应急指挥部，先后召开7次全体会议，2次专题会议，制定出台相关文件，至7月16日撤销。

天全县抗震救灾指挥部下设15个工作组。5月2日，增设抗震救灾监督检查组，下设决策落实、资金物资、纪律作风3个督查组。

雨城区抗震救灾指挥部下设9个工作组和3个片区抗震救灾应急指挥部，至4月28日共召开全体会议10次，组织召开新闻发布会8次。

名山区抗震救灾指挥部成立时下设6个工作组，后增加8个工作组，共计14个工作组。至6月底，共召开指挥部会议12次，制定出台文件、政策30余个。

汉源县抗震救灾指挥部下设9个工作组，共召开全体会议5次。

荥经县抗震救灾指挥部成立时下设15个应急工作组，后增加到17个工作组。初设15个组分别为综合协调后勤保障组、救灾抢险组、教育卫生防疫震情监测组、交通保障组、工矿企业通信电力燃油组、救灾物资水利监测组、维稳安全组、群众和信访工作组、灾损统计和灾民安置组、宣传网络舆情组、安全评价组、地质灾害监测防控组、监督检查组、政策兑现组、食品卫生和市场秩序监督维护组；4月25日增加重建项目规划组，26日增加社会管理服务组。抢险救援期间，共召开抗震救灾工作会4次，作出抢险救灾决策部署33个。

石棉县抗震救灾指挥部成立时下设7个工作组，后调整、增加为13个工作组。初设7个组为办公室、应急救援组、卫生防疫组、灾情核实组、救灾环境保障组、宣传报道组和乡镇救灾指导组，调整后13个组为办公室、灾情统计组、救灾物资组、医疗防疫组、灾害防治组、农村临时安置工作组、城市临时安置工作组、教育卫生临时安置工作组、宣传报道组、信访维稳安保组、群众和志愿者工作组、监督检查组、建材保障组。共召开全体会议3次，专题会议4次。

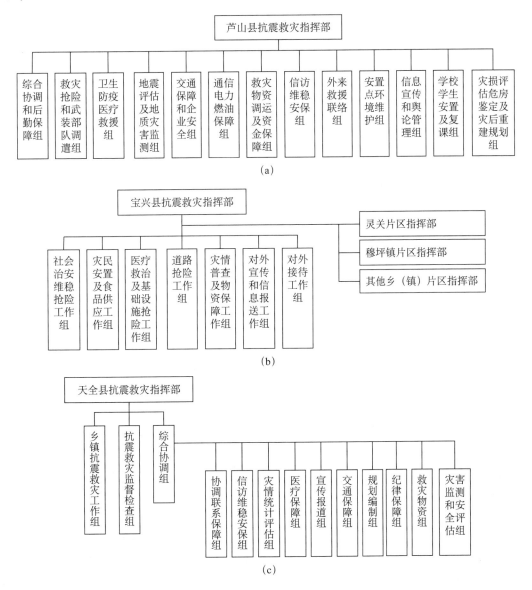

(a)

(b)

(c)

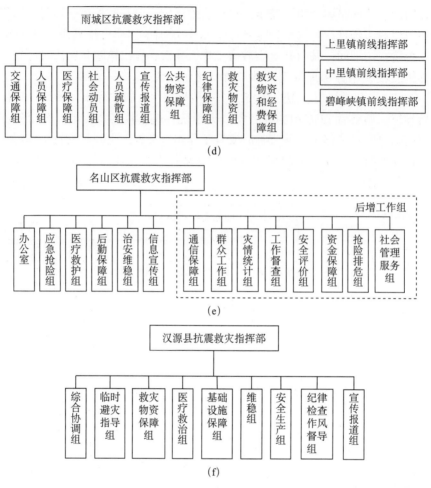

图 3-17　芦山地震县级指挥部

（a）芦山县抗震救灾指挥部；（b）宝兴县抗震救灾指挥部；（c）天全县抗震救灾指挥部；
（d）雨城区抗震救灾指挥部；（e）名山区抗震救灾指挥部；（f）汉源县抗震救灾指挥部

3.3.1.3　军队、武警应急指挥体系

军队、武警也成立抗震救灾指挥部。4 月 20 日 8 时 12 分，成都军区党委召开会议成立抗震救灾指挥部，下设指挥协调组、政治工作组、联勤保障组、装备保障组组，形成抗震救灾联合指挥部—责任区指挥所—任务部队指挥机构三级指挥机构，如图 3-18 所示。4 月 21 日 0 时，成立抗震救灾联合指挥部，统一指挥协调所有到达灾区的部队实施救援行动。联合指挥部内部施行联席会议、任务认领等运行机制，并派员参加四川省抗震救灾指挥部工作，协调军队和地方抗震救灾工作。

4 月 20 日 8 时 30 分，武警总部召开作战会议，启动二级响应机制，开设基本指挥所，开通视频通信系统。武警总部指导组先期赶到芦山县建立前方指挥所，加强灾区一线指挥。武警水电指挥部在芦山县设立武警水电部队前进指挥所，武警交通部队在芦山县宝盛乡玉溪

河灌区管理局进口管理站开设抗震救灾前进指挥所，武警黄金部队第三总队在芦山县龙门乡设立前进指挥所。

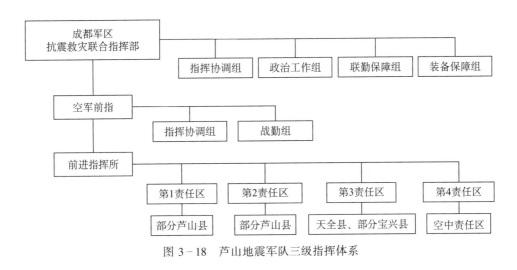

图 3 - 18　芦山地震军队三级指挥体系

3.3.2　国务院抗震救灾指挥部及成员单位应急响应

1. 国务院决策指挥会议

国务院抗震救灾前线指挥部更多的是协调国家部委、临近省份参与抗震救灾。

4 月 20 日 17 时 45 分，李克强在芦山县龙门乡政府前的空地上临时搭建的帐篷里主持召开抗震救灾工作会议，研究救灾形势，部署救灾工作，提出 6 点要求，首要工作是抗震救灾，第一位的任务是救人；要建立统一高效的抗震救灾指挥机制。

4 月 22 日下午，李克强在国务院应急指挥厅与芦山地震抗震救灾前线通话，强调抗震救灾要及时高效科学有序，既要抓紧救人，又要严防次生灾害。

4 月 24 日，李克强主持召开国务院常务会议，部署安排进一步做好四川芦山抗震救灾工作，把损失减少到最小程度。会议指出，国务院有关部门要根据已明确的以四川省为主、形成统一指挥体系的安排，继续各负其责、加强指导、协同配合。

5 月 8 日，李克强在京主持召开国务院常务会议，研究部署当前农业生产等工作。会议指出，要尽快恢复芦山地震灾区农业生产，决定将中央支持和灾区自救相结合，抓紧设施和农地修复、农作物补种、畜禽补栏。

5 月 15 日，李克强主持召开国务院常务会议，研究进一步部署四川芦山地震灾后过渡性安置并适时启动恢复重建工作，听取芦山地震灾后过渡性安置和灾害评估情况的汇报。会议决定，建立灾后恢复重建指导协调机制。

5 月 24 日下午，张高丽在京主持召开四川省和有关部门负责人会议，研究部署芦山地震灾后恢复重建工作。要求全面准确做好灾害评估，科学编制灾后恢复重建规划。有关部门要加强对恢复重建工作的指导协调，统筹解决重大问题。

7 月 7 日，张高丽在成都召开部署芦山地震灾后重建工作会议，传达中央政治局常委会和中央领导对灾后重建工作的指示，强调要科学有序扎实做好灾后恢复重建工作，要求灾后恢复重建坚决反对形象工程。

2. 指挥部成员单位应急响应

中国地震局迅速启动Ⅰ级地震应急响应，成立应急指挥部。副局长率领工作组赶到芦山县地震灾区现场，与先期到达的四川省地震现场工作组联合组成四川芦山县7.0级地震联合现场指挥部。架设12个流动测震台，加密流动观测台网，加强余震监测和震情信息发布，紧急动态会商震情。调集地震系统300多名技术人员组成现场应急工作队，灾21个县（市、区）开展现场灾害调查评估调查，编制完成地震烈度图。

4月20日8时35分，国家安全监管总局启动应急预案，成立抗震救灾指挥部。部署调集四川省、重庆市的国家矿山应急救援芙蓉队等35支矿山救护队861人迅速赶到灾区开展抢险救援；指令四川省安全监管局立即组织灾区企业排查安全隐患。通知开深、大同等6支国家矿山应急救援队和云南、贵州、陕西等省的19支矿山救护队645人集结待命随时支援。

发改委在震后启动应急响应机制。当日中午，与民政部、财政部等23个部门和单位及地方建立工作机制，全力协助灾区开展重要基础设施恢复和应急物资保障工作。下达中央预算内投资2亿元，紧急协调中石油1万平方米活动板房。拟订灾后恢复重建工作方案，提出做好灾后恢复重建的工作机制、工作任务和分工，配合有关部门启动开展灾损评估工作。

教育部震后当日中午启动应急预案Ⅰ级响应，成立教育部抗震救灾领导小组，实行24小时应急值班制度，指挥协调开展应急救援、安全复课及灾后重建工作。于4月20、21、22、25日分别召开会议，研究、协调、部署抗震救灾工作。

科技部在震后半小时紧急启动灾区遥感数据获取与共享工作，为中央有关部门、地方抗震救灾提供科技支撑。要求国家遥感中心立即收集整理有关地震灾区遥感图像等资料，为抗震救灾提供决策支持。

工信部在震后启动24小时应急值班制度，紧急召开专题会部署相关救灾工作。与四川省通信管理局第一时间启动通信保障应急预案，对抗震通信保障工作做出部署。与中国地震局等单位联系，了解灾情，掌握应急工业产品需求。组织抗震救灾应急物资协调和生产，加强生产要素保障，确保应急指挥体系通信畅通，紧急协调40部卫星电话支援四川省。要求尽快恢复公众通信，做好通信保障相关信息统计和灾后恢复重建准备。

公安部在震后启动应急机制，在芦山县成立公安部抗震救灾前线指挥部，统一指挥公安各警种和公安消防部队抢险救援及社会安全稳定工作。由公安部交通管理局副局长统一指挥灾区交通应急保障工作。

民政部在4月20日9时，启动国家Ⅲ级救灾应急响应，牵头9部门组成的国家减灾委工作组，当日下午抵达芦山灾区，协助指导开展救灾工作。派出无人机现场工作组赶到灾区现场，协调总参谋部作战部应急办实行空域管理，开展灾情监测、数据采集与现场评估等工作。分2批次紧急从武汉、长沙、西安、兰州、成都、合肥和昆明等7个中央救灾物资代储库向四川省调运5万顶帐篷、10万床棉被和1万张折叠床等救灾物资。

财政部在震后紧急拨付应急救灾综合补助10亿元。地震当日19时，派出人员赶往四川省抗震救灾指挥部，参加国务院救灾工作会议。财政部四川专员办成立抗震救灾工作领导小组，与四川省财政厅商议建立工作联系制度，同雅安市财政局保持工作联系，了解救灾物资的接收发放情况，征求政策意见，在应急救灾资金的安排使用上提供政策咨询。

国土资源部在震后启动Ⅲ级应急响应，随后将响应级别提升至Ⅰ级。4 月 20 日中午召开芦山地震抗震救灾专题会议，建立由部领导牵头的应急机制成立综合协调组、前方工作组、地质灾害防治组、损失评估和恢复重建组。前方派出专家组，指导隐患排查和防治工作。做好临时安置场地和灾后重建选址安全评估。抓紧研究灾后重建问题，搞好政策支持。加强地震的科学考察，要求各地密切监测地质灾害，切实做好地质灾害防范工作。

住建部在 4 月 20 日 20 时成立抗震救灾指挥部，建立 24 小时应急值班和报告制度。4 月 21 日上午，派出第一批应急危房评估专家组前往灾区，开展房屋应急评估和安全鉴定工作。

交通运输部启动Ⅰ级应急响应，成立抗震救灾工作领导小组，下设综合协调、抢通保通、技术、信息、宣传报道 5 个工作小组；成立由部总工程师任组长的技术专家组。调动道路抢修力量抢通保通灾区救灾"生命线"，协调武警交通部队紧急赶往灾区现场实施救援，协调财政部紧急下拨公路抢通保通资金 2000 万元。

水利部启动Ⅲ级应急响应，成立领导小组，下设水利设施排查组、供水保障组、抢险救灾组、信息报送组、恢复重建组、前方工作组。派出 9 人工作组前往灾区，水利部在川稽查组 8 人就地转换成救灾工作组，长江水利委员会派出 5 人工作组前往灾区。21 日分为 3 个组指导开展水库、水电站、堤防等水利工程震损和出险情况排查。5 月 9 日，成立 15 人工作组指导各类水利项目灾后恢复重建规划编制。

农业部震后召开专题会议，紧急部署农业抗震救灾工作。协调向雅安灾区紧急调运物资，包括消毒药 30t、消毒喷雾器 500 台、防护服 500 套、睡袋 150 套、冰柜 50 台和狂犬病疫苗 15 万份等应急物资。4 月 22 日派出专家工作组，连夜赶往地震灾区指导开展死亡动物疫病防控工作，协调调运防疫物资。

商务部召开专题会议，启动Ⅰ级应急响应，紧急部署四川地震灾区市场供应和商业网点恢复重建工作。成立抗震救灾保供指挥部，启动生活必需品市场监测日报制度，加强市场监测。

中国气象局震后当日 9 时 40 分启动地震灾害气象服务Ⅲ级应急响应。紧急调配便携式自动气象站 12 套、区域自动气象站备件 50 套、发电机和 UPS 电源各 5 套、海事卫星电话 5 部等探测和通信装备发往地震灾区。启动针对震区的风云二号卫星区域加密观测，紧急向灾区捐赠 18 套气象观测设备和 500 部气象预警收音机。

国防科工局启动应急预案，紧急启动卫星监测，全力支持抗震救灾。担负雅安地区遥感数据成像任务。紧急生产、提供震前灾区图片，派员赶往灾区参加国务院抗震救灾指挥机构基础设施保障和生产恢复组、地震监测和次生灾害防范处置组等 2 个工作组的工作。

国家新闻出版广电总局震后召开紧急会议，启动应急预案，成立国家新闻出版广电总局抗震救灾领导小组，按照中宣部部署，做好抗范救灾宣传报道。派出技术支持小组、总局技术保障组前往地震灾区，组织广播电视线路抢修，全力保障信号畅通。紧急调运 329 台带蓄电池的直播卫星接收设施、1 万台收音机、村村通设备 1000 套、扩音设备 200 台、高音喇叭 200 只及一批移动多媒体广播电视接收终端运往地震灾区。协调四川省调运 100W 调频发射机 3 部、5000W 发射机 2 部用于灾区恢复无线广播。派出流动监测车在灾情严重的芦山县实地监测广播电视信号。组织省、市、县 1000 余名技术人员组成多支抢险突击队，开展广电设施和节目播出抢通保通工作。

解放军总参谋部、总政治部、总后勤部、总装备部迅即启动应急机制。总参谋部调集兵力驰援灾区，加强统筹协调，组织专业力量提供信息支援保障。

4月20日下午，解放军总参谋部动员部为抗震救灾部队紧急配发"北斗"卫星导航定位装备，紧急向灾区调拨87式迷彩服2000套、液压多功能钳40把、强光照明灯具60具、多功能军用纵2000把等物资器材，及时指导四川省军区从灾区附近地区民兵装备仓库紧急调拨帐篷、小型发动机、防毒口罩和手套等物资。

总后勤部派出前方联络组，组织派出18支医学救援队，653名医疗防疫人员进入地震灾区开展医疗救援。

4月22日，解放军总政治部紧急为救灾一线官兵和民兵预备役人员配发野战收音机，确保救灾官兵人手一台。

4月27日，总参谋部、总政治部、总后勤部、总装备部联合发出慰问电，慰问参加四川芦山抗震救灾的解放军、武警部队官兵和民兵预备役人员。

3.3.3　四川省级抗震救灾应急响应

芦山强烈地震发生后，四川省委、省人民政府于2013年4月20日9时启动一级地震救灾响应。迅速在地震震中芦山县龙门乡成立四川省抗震救灾指挥部，实行省、市县指挥机构三级合一，由省委、省政府直接统一指挥调度抢险救援。迅速派出救援力量赶赴灾区，即刻组织当地力量开展救援，首先以挽救伤员为第一要务。

地震当日，中共四川省委办公厅、四川省人民政府办公厅下发《关于切实做好"4·20"芦山县地震抗震救灾工作的紧急通知》，省委、省政府主要负责人赶往抗震救灾一线，组织指挥抢险救援。组织动员各级党政机关、人民团体、各类企事业单位、广大干部群众、公安民警、驻川解放军指战员、武警官兵及民兵预备役人员全力投入抗震救灾，尽可能把人员伤亡和财产损失降到最低程度，尽快恢复灾区基本生活和生产秩序。省级所有救灾部门、单位迅速按照应急预案及时就位，驻川解放军部队、武警部队和各种专业救援力量在最短时间内赶到地震灾区开展救援。

四川省委分别于4月21日、4月28日、5月3日，3次召开常务委员会（扩大）部署芦山地震抗震救灾工作。四川省抗震救灾指挥部先后召开9次全体会议，安排部署抢险救援和过渡安置各阶段工作，如表3-10所示。经过十多个日日夜夜的艰苦努力，抗震救灾工作取得阶段性成效，抢险救援、应急安置工作取得重大胜利，呈现出"及时、高效、科学、有序"的鲜明特点。

表 3-10　四川省委、省政府、省抗震救灾指挥部举行的会议情况

序号	时间	会议主办方	地点	会议主题	主要内容
1	4月21日 21时45分	四川省委	雅安市行政中心院内帐篷会议室	常委（扩大）会议。通报芦山强烈地震灾情及抢险救援情况，研究部署下一阶段抗震救灾工作	会议要求，坚持把抗震救灾作为当前四川压倒一切的大事。明确深入搜救、医疗救治、卫生防疫、群众安置、次生灾害预防等抗震救灾十大任务
2	4月28日	四川省委		常委扩大会议，通报抗震救灾工作进展情况	会议决定，芦山强烈地震抗震救灾工作由抢险救援阶段转入过渡安置阶段，同时着手启动灾后恢复重建规划工作
3	5月3日	四川省委		委常委会议，传达贯彻习近平关于抗震救灾工作重要批示精神，研究部署四川省贯彻落实意见	会议就做好抗震救灾作出部署：坚持把受灾群众安置作为当前抗震救灾工作的中心任务；有序推进过渡安置工作；把防范次生地质灾害作为当前抗震救灾的重大任务和"生命工程"；抓紧开展灾后恢复重建规划编制工作
4	4月21日 上午	四川省人民政府	芦山县	在芦山县主持召开专题会议	进一步明确当前应急抢险救援工作运行机制，细化分解落实20项抗震救灾工作任务
5	4月25日	四川省人民政府	雅安市	专题研究部署灾后恢复重建规划编制工作	会议明确，恢复重建规划将包括总体规划和专项规划，明确规划编制责任分工和工作进度安排
6	5月2日	四川省人民政府		研究部署抗震救灾和全省经济社会发展工作	会议通报抗震救灾工作情况，安排部署过渡安置阶段的重点工作
7	5月2日	四川省人民政府		召开全省汛期地质灾害防治工作电视电话会议	要深入开展隐患排查，落实防灾避险预案；强化重点部位排危除险，及时消除安全隐患
8	5月3日	四川省人民政府		召开芦山地震灾后恢复重建工作座谈会议	就灾后恢复重建规划编制工作向国务院芦山地震灾后恢复重建先遣工作组交换意见
9	4月20日 13时30分	四川省抗震救灾指挥部	芦山县龙门乡	四川省抗震救灾指挥部成立	下设省总值班室、医疗保障、交通保障、通信保障、救灾物资、宣传报道等6个分组
10	4月20日 深夜	四川省抗震救灾指挥部	芦山县龙门乡	王东明在帐篷里主持召开四川省抗震救灾指挥部现场会议	研究部署贯彻落实中共中央、国务院领导重要批示指示精神，进一步做好抗震救灾工作

续表

序号	时间	会主办方	地点	会议主题	主要内容
11	4月22日晚	四川省抗震救灾指挥部		第二次会议，会议明确当前要抓好的12项重点工作	主要包括切实落实道路的抢通保通；切实落实救灾物资的及时送达
12	4月23日 16时20分	四川省抗震救灾指挥部	芦山县人武部帐篷会议室	第三次会议，强调要把防范次生地质灾害作为一项紧迫任务来抓	加强余震和气象监测，加强地质灾害隐患点排查，加强群众安全教育，确保受灾群众安全。决定雅安市从4月23日20时起，启动地质灾害防治预案一级响应，向社会和公众公布重大地质灾害隐患点
13	4月23日	四川省抗震救灾指挥部		专题研究部署芦山地震灾区广播电视工作	要求抓紧抢修受损线路，尽快恢复信号传输；加强硬件投入和技术支持，确保灾区群众正常收看广播电视节目；实时关注灾情，做好广播电视系统灾情统计
14	4月24日	四川省抗震救灾指挥部		第五次会议，听取相关部门及雅安市有关工作落实情况汇报	就防治次生地质灾害、做好医疗救治和卫生防疫、加快受灾群众应急安置工作进行再部署再落实。全面启动雅安市地质灾害防治预案一级响应
15	4月25日晚	四川省抗震救灾指挥部		第六次会议，督促检查有关工作落实情况	研究部署防范次生地质灾害、加快受灾群众安置和加强基层党组织建设等重点工作。会议强调，群众安置工作已成为当前抗震救灾斗争的中心任务
16	4月25日	四川省抗震救灾指挥部		设立社会管理服务组	由李登菊任组长。引导社会力点和灾区群众在抗震救灾及灾后恢复重建中发挥积极作用
17	4月26日晚	四川省抗震救灾指挥部	芦山县	第七次会议，会议逐项听取各项工作进展情况汇报，并就进一步抓好工作落实提出要求	会议强调，把防范次生地质灾害放在抗震救灾重中之重的位置，严格执行关于防治次生地质灾害的各项安排部署
18	4月29日	四川省抗震救灾指挥部	雅安市	第八次会议，学习传达中共四川省委常委（扩大）会议精神	会议强调，要始终把做好受灾群众安置工作放在第一位，不松懈地继续抓好应急安置，科学组织有序转入过渡安置，着手启动灾后恢复重建规划。继续抓好受灾群众应急安置工作

续表

序号	时间	会主办方	地点	会议主题	主要内容
19	5月7日晚	四川省抗震救灾指挥部	雅安市	第九次会议。听取受灾群众过渡安置、次生地质灾害防治和卫生防疫等情况汇报	会议强调，坚持把受灾群众安置作为抗震救灾工作的中心任务。提出抗震救灾5个方面的工作要求
20	4月20日19时	四川省抗震救灾指挥部总值班室	成都	在四川省人民政府应急指挥中心召开会议	汇总当日抗震救灾工作情况，要求及时收集汇总信息；及时发布信息，建立定期的新闻发布制度，及时向社会公布重大情况
21	4月22日	四川省抗震救灾指挥部总值班室	成都	召开四川省抗震救灾指挥部总值班室会议	要求各地要抓紧排查区域内次生灾害隐患点，派专人监控、监测已查实的隐患点，尽快形成整个区域内地质灾害的防治方案
22	4月24日	四川省抗震救灾指挥部总值班室	成都	四川省人民政府应急指挥中心专题会议，安排落实地震灾区地质灾害防范治理工作	要求各级党委、政府和相关部门务必始终保持高度警觉，切实把地质灾害防治工作摆在更加突出的位置
23	4月22日上午	四川省抗震救灾前线指挥部交通保障组		召开会议，研究部署交通抗震救灾有关工作	王宁要求对尚未抢通的县道074线大川至太平段要科学组织施工方案；双石至灵关段加快剩余2km道路抢通进度

省地震局启动Ⅰ级地震应急预案，成立应急指挥部，分设震情判断、监测预报等工作组。派出70人地震现场工作队开展应急救援和灾害评估，架设流动测震台和恢复宝兴区域测震台。在震区组建由142个测震台、221个强震台站组成的覆盖四川全境的监测台网。灾害评估组派出34个小组前往灾区，开展360个调查点和231个抽样点灾害调查。分9个片区，开展灾区安置点安全选址评估和专业地震地质调查。

省安全生产监督局震后紧急通知灾区及受影响的矿山企业停产撤人。4月20日派出10支矿山救援队伍，共20个小队紧急赶往雅安灾区参加救援，调集33支矿山救护队828名矿山救护队员进入7个重点乡（镇）搜救被困人员。组织专家开展安全隐患排查，指导次生灾害防范工作。派出3个工作组实地指导灾区企业复工复产和灾后重建安全生产。

省发改委成立抗震救灾领导小组，下设应急救灾组、信息资料组、项目规划组、应急救灾组。实行24小时值班制度。启动灾区价格应急监测，确保灾区市场价格秩序基本稳定。4月22日，配合国家发展改革委协调督促活动板房生产、运输，规划安装地点等事项。

省教育厅启动紧急预案，成立抗震救灾领导小组。要求各地各校迅速启动应急预案，做好灾区师生安置工作；明确有关领导和相关处室职责分工，全力抓好复学复课工作。

省科技厅成立抗震救灾工作领导小组，及时为四川省抗震救灾指挥部提供遥感信息和技术服务。组织省内外权威专家，开展应急救援、应急安置、次生灾害防控、恢复重建等重大问题咨询论证。编印抗震救灾科普宣传手册，开展抗震救灾科技知识宣传。

省公安厅在 4 月 20 日 8 时 20 分启动应急预案，成立抗震救灾应急指挥部，下设现场救援、交通保畅、物资保陪、治安秩序维护等工作组。要求全省公安机关全警动员、全力以赴开展抗震救援工作。4 月 21 日凌晨，在芦山县成立抗震救灾前线指挥部。成立抢险救灾应急道路交通保障前方工作领导小组。

省民政厅召开紧急会议，成立抗震救灾工作领导小组，下设综合宣传组、救灾应急组、接收捐赠和物资筹集调运组、遇难遗体处理组、后勤保障组等。要求各级民政部门、厅机关各处室、各直属事业单位全力投入抗震救灾工作。4 月 25 日，派出 4 个灾情核查工作组，前往各地核查灾情。

省财政厅启动应急一级响应，成立抗震救灾领导小组，建立 24 小时轮流值班制度。开通抗震救灾资金拨付"快速通道"，安排应急救灾 3.76 亿元，制定加强地震救灾资金管理的制度，筹集中央和省级重建资金 560 亿元，争取中央统借统还、国际金融组织和外国政府贷款约 20 亿元。

省国土资源厅调集 500 余名地质灾害专业技术人员，全面开展次生灾害应急排查，排查地震灾害隐患点 14322 处，涉及 159309 户、768092 人安全；新发现地震灾害隐患 2237 处，并协助落实防灾措施。开展 2268 处受灾群众临时安置点和灾区 514 所中小学地质灾害危险性评估。启动实施宝兴县城 22 处重大地质灾害应急防治，开展省道 210 线沿线地质灾害调查评估和主动排险。

省环境保护厅启动环境应急预案，成立环境应急指挥部，下设现场督导组、应急监测组、核与辐射应急组等 7 个工作组。组建危险废物和化学品应急小分队、核与辐射环境安全应急小分队协助雅安市环境保护局排查放射流安全隐患，开展灾区辐射环境监测。

省住建厅启动地震应急预案，成立应急指挥部和灾情应急评估和房屋安全鉴定工作组。4 月 22 日在芦山县设立前线指挥部，成立抢险救援工作小组，协调省内企业准备挖掘机 30 台、吊车 13 台、装载机 23 台和各类工程技术人员 2300 多人待命；成立供水、供气应急工作小组。组织专家到 11 个县（区）开展应急评估和隐患排查。抽调 60 名监督人员对口支援灾区应急维修加固和灾后重建。

省交通厅启动应急预案，成立交通抢通保通指挥部，召开紧急会议安排部署有关工作，先期下拨资金 200 万元。组织抢险救灾队伍从东线、南线、北线三个方向打通通往灾区的公路，调集 15 支抢险队伍 1200 多人，机具 300 多台，抢通灾区道路。组织调动应急运力客车738 辆、货车 1122 辆，出动客车 120 辆、货车 139 辆，开展救灾人员及物资运输。调集 3 艘快艇运往雅安芦山县铜头水库开展水上运输。组织专业技术人员分 4 个小组核查交通基础设施灾情。

省水利厅 4 月 20 日 8 时 20 分成立四川省水利抗震救灾指挥部，下设 12 个救灾工作组和总值班室、综合规划组、对外宣传组、后勤保障组等 4 个工作保障组。20 日 13 时，在芦山县城设立前线指挥部。先后派出 7 个应急抢险工作组，组织排查农村水利工程受损情况和山洪泥石流隐患，提供应急通信保障。组建 13 支供水抢险队，支援灾区抢修供水工程。4 月 24 日，成立山洪泥石流灾害防范领导小组，加强地震灾区山洪泥石流灾害防范。

省农业厅 4 月 22 日上午成立农业抗震救灾指挥部，下设应急工作协调组、灾情核实组、生产恢复组、规划重建组，统筹协调灾区农业抗震救灾和生产恢复工作。派出 2 个工作组赶到芦山县、宝兴县核实灾情，派出 4 个工作组到灾区指导耕地、沼气池、提泄站等修复工作。4 月 23 日，紧急启动灾后农业生产恢复工作，派出工作组和专家组到灾区实地勘验灾情。

省卫生厅震后 10 分钟召开紧急会议，启动一级应急响应，成立芦山地震医疗卫生救援领导小组，下设综合协调、医疗救治、药械保障、后勤保障、新闻宣传、卫生防疫、灾后重建 7 个小组。震后 3 小时，在芦山县城成立省卫生应急救援前线指挥部，建立国家、省、市、县四级一体的医疗救援体系。首批调派 12 支医疗队近 200 名医务人员参与紧急救援。启动灾后防疫预案，开展防疫工作。

省国资委震后成立抗震救灾领导小组，实行 24 小时值班制度。召开省国资系统抗震救灾工作大会，迅速组织动员各方力量投入抗震救灾。协调企业准备 200 台（套）大型机械设备，29 架飞机、总运货能力 225t，随时待命。组织动员组建 893 支党员队伍，全力参与抗震救灾各项工作。组织机关捐款 4.13 万元，组织 22 家中央和省国有重要骨干企业捐款（物）1.41 亿元。

省广播电影电视局启动应急预案，成立抗震救灾领导小组，在雅安市成立前线指挥部。四川广播电视台派出特别报道小组，跟踪报道救灾情况和灾情。组织 1000 余名技术人员组成多支抢险突击队，开展抢通保通。震后 48 小时，灾区广播电视无线信号实现全覆盖。

省新闻出版局全力组织省内各重点地方新闻网站做好网络宣传报道。4 月 20~27 日，四川新闻网、四川在线、成都全搜索等网站累计刊发相关图文、视频稿件 2.6 万多篇（条），原创稿件 4700 多篇（条）。

省气象局组 4 月 20 日 8 时 20 分启动地震灾害气象服务 I 级应急响应，成立抗震救灾指挥部。累计发布地质灾害气象风险预警 186 期，山洪灾害气象风险预警 51 期，中小河流洪水气象风险预警 32 期。与四川省国土资源厅联合发布四川省地质灾害预报 162 期。

省测绘局启动应急预案，安排卫星拍摄灾后影像地图，分析灾前影像。派出 15 人和 5 架无人机紧急赶往获取灾区最新航空影像。

省军区迅速召开应急救援会，成立前进指挥所和抗震救灾指挥部紧急命令民兵、预备役支援灾区抢险救援，至 20 日晚上投入 6800 余名民兵进行救灾。地震期间，省军区所属 11 个师旅级单位集结 8300 余名官兵和民兵预备役人员，营救伤员 621 人，医治群众 17146 人，疏散转移群众 4.4 万人，抢通道路 14km，卸载物资 5 万余吨，进村入户 14400 余户，搭建帐篷 13970 顶（间）、板房 1600 余平方米，清理危房 5368 间，废墟 4 万余立方米，防疫洗消 77 万平方米。

武警四川总队启动应急预案，命令雅安市支队、第一支队 300 名官兵就地快速开展救援，成为最早在灾区实施有效救援的队伍。指挥驻川武警部队启动 II 级响应。抢险救援中，武警驻川部队累计投入 5800 名官兵，先后救出群众 116 人，救治伤员 5263 人，转移安置群众 2493 人，转运遇难者遗体 34 具，医疗巡诊 1.2 万余人次，抢通道路 293 千米，抢运物资 1.5 万余吨，搭建帐篷 6500 顶。

3.3.4　雅安市抗震救灾应急响应

面对突发震情，中共雅安市委、雅安市人民政府迅速成立抗震救灾指挥部，下设医疗保障组、交通保障组、通信保障组、水利监控组、救灾物资组、宣传报道组、社会治安维稳组、救灾抢险组等 15 个工作组，落实牵头领导和责任部门，24 小时值班跟踪灾情。雅安市领导分别赶往受灾严重的芦山县、宝兴县、天全县、雨城区、名山区等县（区），指挥救灾队伍抢通通信和通往灾区的道路，全力抢救伤员，妥善转移和安置受灾群众。各县（区）党委、政府启动各项应急方案，全力组织党员群众抗灾自救。雅安市抗震救灾指挥部先后召开 11 次全体会议，2 次专题会议，安排部署抢险救援和过渡安置各阶段工作，如表 3－11 所示。

表 3－11　雅安市抗震救灾指挥部举行的会议情况

序号	时间	地点	会议主题	主要内容
1	4 月 20 日 8 时 27 分		雅安市抗震救灾指挥部第一次会议	决定立即启动地震应急 I 级响应，成立"4·20"芦山强烈地震雅安市抗震救灾指挥部
2	4 月 21 日晚	市行政中心应急指挥中心帐篷	第二次全体会议，传达贯彻上级指示精神，通报初步灾情，研究部署当前抗震救灾工作	会议要求，当前要把抗震救灾作为中心工作，把抢救生命作为首要任务。要做好地震监测、保障生命线畅通、次生灾害防范、群众临时安置、灾区维稳等重点工作，并分别对各方面工作进行详细部署
3	4 月 21 日 22 时 30 分		召开全市电视电话会议	要求全市各级党委政府做好地质灾害防治工作，全市启动地质灾害防治应急预案和机制
4	4 月 21 日		召开雅安抗震救灾宣传专题会	要求建立各宣传组的工作制度和畅通的信息机制；加强灾情、自救互救工作宣传报道，及时向外界告知灾情
5	4 月 22 日晚		第三次全体会议。会议要求，当前要突出抓好物资保障、交通畅通、群众过渡安置以及安置点的卫生防疫、消防安全、防洪避灾等工作	要进一步细化物资保障工作责任和工作流程，保证灾区的交通畅通，做好群众安置过渡工作。要高度重视灾害评估及重建准备工作和新闻宣传及舆论引导工作
6	4 月 23 日晚	市行政中心应急指挥中心帐篷	第四次全体会议，研究部署下一阶段抗震救灾工作	当前抗震救灾工作重心将逐渐由抢险救援转向群众安置。当前抗震救灾的基层工作实现根本性转变

序号	时间	地点	会议主题	主要内容
7	4 月 24 日晚		第五次全体会议。部署伤员救治、卫生防疫、灾损评估、次生灾害防范、群众过渡安置、舆论宣传、群众工作、保通保畅等工作	会议强调，群众安置工作是当前的重点，要求每日汇总上报问题。部署加强灾后卫生防疫、社会治安管理、市场监管等工作
8	4 月 25 日晚		第六次全体会议。传达贯彻四川省抗震救灾指挥部第六次会议稍神	会议要求，当前要着力抓好次生灾害防范、救灾物资分配、基层组织作用发挥、受灾群众安置、灾后重建谋划、协调机制完善等重点工作。成立雅安市灾后恢复重建委员会
9	4 月 25 日晚		第七次全体会议。传达四川省抗震救灾指挥部第七次会议精神	会议强调，当前应急安置是抗震救灾工作的中心任务，要做好应急安置点的完善和管理工作，全力做好过渡安置相关工作，超前谋划灾后重建工作
10	4 月 26 日		调整指挥部成员及工作组设置	下设 19 个工作组
11	4 月 27 日晚		第八次全体会议。传达王东明对当前抗震救灾工作的重要指示精神	会议强调当前过渡安置是中心任务，次生灾害防治是重大任务，维护稳定是艰巨任务
12	4 月 28 日晚		第九次全体会议。会议全面安排部署当前重点工作和具体工作	会议认为，抢险救援工作基本完成，转入过渡安置阶段，要着手启动灾后恢复重建规划工作
13	4 月 29 日		第十次全体会议。会议指出，各县（区）和市级有关部门要主动思考、积极对接灾后重建的规划；适时启动受灾区内房屋排危工作；适时为过渡安置房征用土地	会议要求，要进一步科学准确做好灾情评估工作，加强灾后重建政策的宣传。会议强调，要注重受灾群众安置点火灾隐患防范，加强防疫工作
14	5 月 1 日		第十一次全体会议。启动农村过渡安置工作	要求农房重建要按生态村落建设规划，建设好过渡安置阶段农村安置房；城市过渡安置要结合资源环境承载能力进行
15	5 月 30 日		召开工作会议，安排部署过渡安置、灾后恢复重建等重点工作	会议要求各县（区）要进一步细化安排。会议强调要严明政治纪律、工作纪律，确保阳光救灾、廉洁重建

市防震减灾局震后 10 分钟内启动地震应急预案Ⅰ级响应，成立地震应急指挥部。震后 15 分钟上报第一期《震情反映》；组织地震现场工作队伍，30 分钟内出发，开展应急工作和灾害评估现场调查，提出启动地震应急Ⅰ级响应建议。启动应急指挥平台与各级指挥部等进行视频连线。会同相关单位进行 2 次紧急会商，形成《震情 133·趋势会商意见》2 期、《震情趋势分析意见报告》3 期。

市安全生产监督管理局（市安全生产办公室）组织人员带领矿山救护队赶往芦山县救援。要求县（区）安全生产办公室组织力量开展生产经营企业隐患排查，成立抗震救灾工作机构，负责本行业抗震救灾工作领导和指导。

市科技局震后派出人员到灾区一线参与抗震救灾，先后协调多支救灾队伍紧急赶往芦山灾区，利用先进科技器材开展人员搜救、应急保障等救援工作。

市教育局震后抽调 18 人组成 6 个指导小组，分别到学校和芦山县等受灾县（区）了解灾情，指导应急处置工作和学校复学复课工作。要求县（区）和学校全面启动应急预案、加强值守工作，严格信息报送，全面开展灾情统计和上报工作。

市公安局震后成立抗震救灾指挥部，统一指挥全市公安民警抢险救援、道路保畅、社会面管控等抗震救灾工作。20 日 13 时，市公安局在芦山县设立前线指挥部，下设办公室、交通保畅组、宣传材料组、维护社会秩序组、警保卫组、后勤保障组 6 个工作组。启动道路交通保通保畅预案，抽调 289 名交警支援灾区交通保畅。在 72 小时黄金救援期内，全市公安机关出动警力 2915 人，成功救出遇险群众 163 人，挖出遇难群众遗体 22 具，救助伤员 600 余人，转移受灾被困群众 1600 人，紧急疏散危险区域群众 23 万余人，搭建救助帐篷 510 顶。

市民政局公布 2 个捐赠资金接收账户，开通 3 部热线电话，抽调 8 名工作人员组成资金捐赠接收组。加强捐赠资金管理，每日进行公示。制定文件 5 个，确保受灾群众过渡安置平稳顺利。

市国土资源局启动应急预案并成立抗震救灾领导小组，强化地质灾害应急值守。派出 4 个工作组开展地质灾害防治督查，统筹协调 19 支专业地勘队伍开展地质灾害隐患巡查排查和复查工作。迅速恢复和提升群测群防网络体系建设，联合气象部门做好地质灾害预警预报。

市城乡规划建设和住房保障局派出车辆、机械支援芦山县。组织人员巡查市区，遇险排危。安排城区建筑施工企业准备 12 台挖掘机、17 辆货车、3.5 万米架管，随时待命救灾。组织 5 个小组开展建筑应急评估。

市交通运输局启动应急预案，指挥公路抢通保通。制定《芦山地震灾区公路抢通保通工作方案》，明确应急抢通保通的主要线路。市公路管理局成立抗震救灾指挥部，组织 100 余人分为 5 个小分队开展抢险抢通；市运管处组织调集客车 44 辆，运送武警和预备役官兵 1200 多人。调集 63 辆车辆运送伤员 421 名。

市水务局派出 4 个工作小组排查水利工程受损情况。派出排险小组 44 组 225 人，分别到 129 个乡（镇）排查抢险，及时消除 5 处堰塞湖和壅塞体。成立应急供水保障组，加强水质监测。

市卫生局派员直接到市级医疗机构组织队伍赶往芦山县参与救援。20 日 8 时 30 分，调派 4 台车 18 人组成第一批救援队伍，赶往芦山县救援。9 时 30 分，派出人员前往芦山县和雨城区开展灾后卫生防疫。至 4 月 20 日晚，派出各级各类医疗机构 37 支医疗救援队 395 名医护人员赶往芦山县参加救援。

市城管执法局组织 8 人党员救援突击队，在震后两个半小时徒步进入芦山县和宝兴县灵关镇救援 20 余天，搜救伤员 3 名，协助安装应急发电机 3 台，协助当地城管、环卫部门开展安抚群众、接收安装移动公厕、清理安置点垃圾等工作。

市水文水资源勘测局成立抗震救灾领导小组，成立抗震救灾水文应急监测救援队，下设水质应急监测、防洪设施应急监测、水情预报 3 个应急监测小组。成立 22 名党员组成的抗震救灾突击队，派出 120 余人次，完成 10 余个水文站的基础缆道及控制系统修复和 20 余个自动雨量站的修复。震后一周，取样分析 3 个断面、1 个移动监测点、18 个水源地 100 多个，特别增加毒性分析 20 余次。

3.3.5　县级抗震救灾应急响应

芦山县紧急启动 I 级响应机制，在芦山县公安局楼前成立挂牌芦山县抗震救灾临时指挥部。临时指挥部设立抢险救援、医疗救护、群众安置等 13 个工作组迅速开展抢险救人。组织党员突击队赶到 23 个重灾点开展抢险救人。组织协调全县超过万人投入抢险救援。震后 2 小时建立帐篷医院，震后 4 小时抢通国道 318 线飞仙峡段。通过军地协同，在黄金 72 小时内，从废墟中救出 278 名被困人员，现场救援 8000 余人。20 日下午，县抗震救灾指挥部在县城设 10 个安置点，在其余 8 个乡（镇）的 40 个村设立临时安置点 548 个，紧急转移安置受灾群众 10 万人。

宝兴县成立总指挥部。全县累计救治伤员 5807 人（次），紧急转移重伤人员 232 人，转移受灾群众 38546 人，搜救被困群众 5231 人。在全县设置应急安置点 848 个，安置受灾群众 65263 人。

天全县启动应急预案，成立抗震救灾指挥部。组织 1100 余人的救援队伍赶到乡（镇），抢通国道 318 线，抢救被困群众，安全疏散转移群众 16.6 万人，组织 1300 名志愿者分 16 支小分队，到 15 个乡（镇）和 6 个社区，做受灾群众疏散转移、安抚稳定工作[39]。

3.3.6　存在的不足

芦山强烈地震震级大、震源浅、烈度高、余震多，震级达到里氏 7.0 级。破裂面长度主要集中在震中附近 28km 左右的区域，断层破裂长度约 35~40km，给灾区人民生命财产、生产生活及生态环境等造成重大破坏和损失。

地震造成灾区各类基础设施大面积损毁，极重灾区几乎难以找到基本完好的房屋建筑，供水、电力、通信设施中断；地震及余震引发多处山体滑坡，造成灾区山区道路破坏严重；能源设施设备受损严重，芦山县、宝兴县、天全县电位全部跨网停电；灾区通信基站损坏严重，芦山县、宝兴县、天全县 11 个乡镇通信中断；灾区群众生活一度受到极大影响，产业发展损失严重，灾区地质环境条件进一步恶化。

与汶川地震、玉树地震相比，芦山地震指挥体系进步明显，指挥权力下放，以地方为主建立指挥部进行统一指挥，国务院抗震救灾前线指挥部主要负责部委、外省协调，形成了省、市、县三级合一应急指挥体制，军队、武警也快速加入指挥体系，社会力量有序参与。信息发布和舆论引导工作比汶川地震时更加成熟，采用更多的新技术和新手段，提醒和引导志愿者、社会组织等社会力量理性参与和支援抗震救灾工作，但也出现了"信息孤岛"的现象，部分灾民因信息不畅对政府救灾工作不满[40]。

但也存在一些问题和不足，主要表现在：

（1）三级合一应急指挥体制在空间上分布不一致，对信息传递带来影响。四川省抗震救灾指挥部设在芦山县龙门乡，雅安市抗震救灾指挥部设在市行政中心，两者间进行信息共享、沟通需要耗费一定的时间。四川省抗震救灾指挥部总值班室负责汇总当日抗震救灾工作情况，发布信息，但其设置在四川省人民政府应急指挥中心，造成抗震救灾工作情况要先由灾区一线传递到成都，再由成都发布、共享给各级指挥机构，给通信带来较大的负担。

（2）各级指挥部内设机构不一致，对上下对接造成影响。省指挥部下设 6 个工作组，雅安市指挥部下设 15 个工作组，后增加为 19 个，各县级指挥部工作组数量更不一致。从指挥部设置看，省指挥部主要承担信息汇聚发布、协调保障功能，雅安市指挥部承担了具体的抢险救援指挥工作。

（3）震后灾情信息发布应综合运用多种媒体手段，加强农村灾区信息传输建设。应综合运用互联网、移动网络、新媒体手段，及时发布震情、灾情信息。农村留守儿童与老人多，运用新技术能力差，应考虑自动分布式的信息获取、发布技术应用，减少、避免信息孤岛的出现。

3.4　东日本大地震应急响应

2011 年 3 月 11 日 14 时 46 分（北京时间 13 时 46 分），日本东北部太平洋海域（北纬38.1°，东经 142.6°）发生 9.0 级地震，震源深度约 10km。地震引发的巨大海啸上升高度最高达到 40.5m，淹没面积为 561km^2，对日本东北部岩手县、宫城县、福岛县等地造成毁灭性破坏，并引发福岛第一核电站核泄漏，相关影响一直持续到现在。据日本警察厅统计结果显示，截至 5 月 30 日，12 个县死亡 15270 人，失踪 8499 人。地震发生后，日本政府立即于 3 月 11 日 14 时 50 分成立官邸对策办公室，并召集紧急集结小组。总理表示将尽快确认灾害情况；尽早采取疏散措施，确保居民安全；确保生命线，恢复交通网络；尽最大努力向居民提供准确的信息。

3.4.1　灾害对策本部成立及组成

1. 截至 2011 年 4 月 11 日东日本大地震对策本部组织结构

震后当日 15 时 14 分在内阁整理了紧急灾害对策本部，19 时 03 分成立了原子能灾害对策本部，由内阁总理大臣担任本部长。两个本部通过危机管理处向指定行政机关、指定地方行政机关、指定公共机关、地方公共团队发布指令。

为应对核事故，在 3 月 15 日 5 时 30 分成立福岛核电站对策本部，在 4 月 11 日成立核电站事故应对经济损失对策本部。为援助受灾者生活，在 3 月 17 日成立了受灾者生活支援特别对策总部，在 3 月 29 日成立原子能受害者生活支援小队[41]，在 5 月份又成立了一些会议议事机构，分别如图 3 - 19、图 3 - 20 所示。

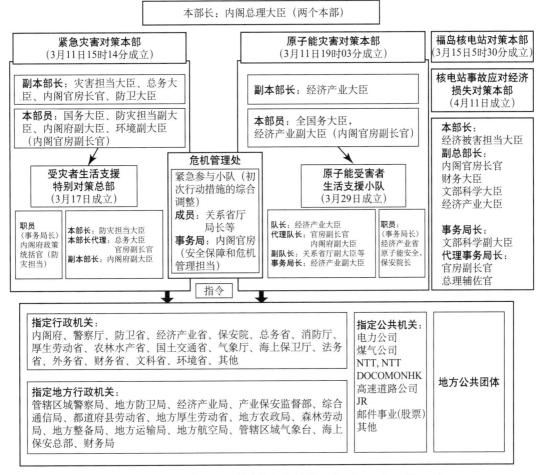

图 3 - 19　东日本大地震对策本部组织结构（截至 2011 年 4 月 11 日）

2. 截至 2011 年 5 月 9 日东日本大地震相关对策本部组织结构

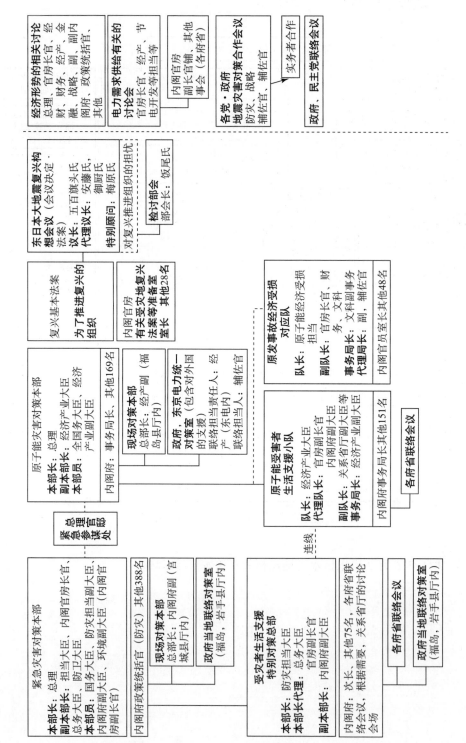

图3-20　东日本大震地震对策本部组织结构（截至2011年5月9日）

3.4.2　灾害初始响应

3.4.2.1　初始响应

1. 建立初始行动和总部结构

1) 设立应急对策总部

在政府中，在发生灾害后的 3 月 11 日 14 时 50 分（日本当地时间，下同），设置官邸对策室，召开了紧急参谋小组。同时，首相作出指示，要求确认受灾状况；确保居民的安全，尽早采取避难对策；确保生命线，恢复交通网络；向居民提供准确的信息。

15 点 14 分，为了大力推进东北地区太平洋沿岸地震灾害的应急对策，根据灾害对策基本法（昭和 36 年第 223 号法律），自该法制定以来，首次根据内阁决定（"关于平成 23 年（2011 年）东北地区太平洋沿岸地震紧急灾害对策本部"）成立了以首相为本部长官的紧急灾害对策本部[42]。

15 点 37 分，召开了第 1 次紧急灾害对策本部会议，确定了关于灾害应急对策的基本方针。

在发生灾害的当天，又召开了 2 次紧急灾害对策本部会议。在东京都市区，地震发生后，所有铁路都停止运行，出现了大量难以回家的人滞留在车站等问题，因此，在 19 点 23 分召开的第 3 次紧急灾害对策本部会议之后，内阁官房长官指示：为了全力应对难以回家的人，各部委将尽最大努力最大限度地利用车站周边的公共设施。以东京都为中心，采取将位于东京都市区的国家设施（国营昭和纪念公园等）作为难以回家的人的临时住宿设施进行开放等应对措施。

另外，由紧急灾害对策本部设置案件应对组（最多时约 70 人），执行对受灾者的物资的采购和运输、广域医疗运送和海外支援的接收任务。

3 月 12 日第 6 次紧急灾害对策本部会议上，为应对因为海啸产生的孤立者和政府职能丧失的情形，首相表示要加强广域支援体制，积极投入自卫队部队参与孤立者的救援行动等，同时加强对失去政府职能的地方政府的支持。

震后一周时间，即截至 3 月 17 日共计召开 12 次紧急灾害对策本部会议，对应急对策进行综合调整、推进，对以下事项进行了紧急应对：

3 月 11 日，灾害救援法适用于青森县（1 个市 1 个町）、岩手县（全部 34 个市町村）、宫城县（全部 35 个市町村）、福岛县（全部 59 个市町村）、茨城县（28 个市 7 个町 2 个村）、茨木县（15 个市町）、千叶县（6 个市 1 个区 1 个町）、东京都（47 个区市町）、同 12 日长野县（1 个村）、新潟县（2 个市 1 个町）共计 10 个都县。

3 月 12 日，内阁决定"关于指定平成 23 年东北地区太平洋沿岸地震造成的灾害的灾难以及应该对此适用的措施的内阁令"。

从 3 月 12 日开始，各都县相继适用了《灾民生活重建支援法》。

3 月 13 日，内阁决定"关于指定平成 23 年东北地区太平洋近海地震造成的灾害的特定紧急灾害以及对此应适用的措施的内阁令"，将东北地区太平洋近海地震造成的灾害指定为特定紧急灾害。

3月14日，内阁决定使用与向"东北太平洋地震"受灾地区提供物资援助有关的储备资金，以便向受灾地区采购和运输物资等。

在3月17日举行的第12次紧急灾害对策本部会议上，考虑到今后对受灾者的生活支援是当务之急，决定在本部下设"受灾者生活支援特别对策总部"。

应急对策总部成立及初始几天内的协调工作情况如表3-12所示。

表 3-12　应急对策总部初期协调工作

序号	时间	主题	内容
1	3月11日 14时50分	设置官邸对策室，召开了紧急参谋小组	首相作出指示，要求确认受灾状况；确保居民的安全，尽早采取避难对策；确保生命线，恢复交通网络；向居民提供准确的信息
2	15点14分	成立了以首相为本部长官的紧急灾害对策本部	
3	15点37分	召开第1次紧急灾害对策本部会议	确定了关于灾害应急对策的基本方针
4	3月11日	第2次紧急灾害对策本部会议	设置案件应对组（最多时约70人），执行对受灾者的物资的采购和运输、广域医疗运送和海外支援的接收任务
5	19点23分	第3次紧急灾害对策本部会议	全力应对人员回家问题，将位于东京都市区的国家设施（国营昭和纪念公园等）作为难以回家的人的临时住宿设施进行开放
6	3月11日	部分地区启用《灾害救援法》	青森县（1个市1个町）、岩手县（全部34个市町村）、宫城县（全部35个市町村）、福岛县（全部59个市町村）、茨城县（28个市7个町2个村）、茨木县（15个市町）、千叶县（6个市1个区1个町）、东京都（47个区市町）、同12日长野县（1个村）、新潟县（2个市1个町）共计10个都县
7	3月12日	第6次紧急灾害对策本部会议，应对因为海啸产生的孤立者和政府职能丧失	加强广域支援体制，积极投入自卫队部队参与孤立者的救援行动等，同时加强对失去政府职能的地方政府的支持
8	3月12日	发布内阁令	关于指定平成23年东北地区太平洋沿岸地震造成的灾害的灾难以及应该对此适用的措施的内阁令
9	3月12日	各都县启用《灾民生活重建支援法》	
10	3月13日	内阁令	将东北地区太平洋近海地震造成的灾害指定为特定紧急灾害

序号	时间	主题	内容
11	3 月 14 日	使用储备资金	内阁决定使用与向"东北太平洋地震"受灾地区提供物资援助有关的储备资金，以便向受灾地区采购和运输物资
12	3 月 17 日	第 12 次紧急灾害对策本部会议	推进应急对策的综合调整，设立"灾民生活支援特别对策本部"，对受灾者更好地进行生活支援

2）设立当地对策总部

3 月 11 日 18 时 42 分，为了详细掌握当地的受害状况，派遣了以内阁府副大臣为团长的约 30 人组成的调查团前往现场（派遣府省等：内阁官房、内阁府、警察厅、总务省、文部科学省、厚生劳动省、农林水产省、国土交通省、环境省以及防卫省）。之后，根据 3 月 11 日内阁的决定，政府于 3 月 12 日 6 时在宫城县设立了紧急灾害现场对策本部（本部首长：内阁府副大臣）。另外，当天还向岩手县及福岛县派遣了政府调查团，分别设立了现场对策联络室。

地方对策本部，在努力协调与受灾地方政府就政府共同推进的灾害对策的同时，在受灾地区灵活、迅速地处理与对策相关的事务的同时，对于地方政府的灾害对策本部进行的灾害对策，作为政府进行最大限度的支持与合作。

另外，在地方政府中，以岩手县、宫城县以及福岛县为首，以东北、关东地区为中心，在从北海道到九州的 23 个都道县设立了灾害对策本部等，采取了灾害对策。截至 5 月 26 日，除了在 14 个都道县继续设置灾害对策本部外，还在 3 个县设立了灾害警戒本部等。

2. 救援行动

东日本大地震引发大海啸，以沿海地区为中心发生了大量失踪者以及孤立的地区，以拯救生命为首，消防、警察、海上保安厅以及自卫队联合进行了大规模的救援行动。

地震发生后，警察厅、消防厅以及海上保安厅分别向受灾地区以外的各都道府县警察、消防本部、各管区海上保安本部等请求或指示支援活动；防卫省也立即向自卫队发出大规模地震灾害派遣命令，投入尽可能的部队、设备，进行大规模且迅速的初动应对。

警察厅，从全国各地的警察机关派遣了部队，广域紧急救援队和防暴警察，与受灾地区县警察一起对受灾者进行救援和寻找失踪人员。到 5 月 31 日为止，向受灾 3 县派遣的警察人员共计约 307500 人，警用飞机（直升机）共计 566 架。

消防厅，指示紧急消防支援队出动，3 月 18 日 11 时投入 1558 支队伍，6099 名消防人员进行了救援行动，为单日最大人员数量，首次出动紧急消防支援队。另外，除岩手县、宫城县及福岛县外，其他 44 个都道府县都派出了部队，截至 5 月 31 日，共有约 27373 队，约 103600 名消防人员进行了支援活动。

海上保安厅，截至 5 月 30 日，共有 4413 艘船只、1564 架飞机和 1510 名特殊救援队人员进行了救援行动。

防卫省于 3 月 14 日组建了陆海空三军综合任务部队，召集应届预备自卫官以及预备自卫官对灾民展开搜救行动。在 3 月 26 日，派遣人员约 10.7 万人展开了搜救行动。

截至 5 月 30 日，警察、消防、海上保安厅以及自卫队的救援总数已达 26707 人，如表 3－13 所示。

表 3－13　截至 2011 年 5 月 30 日的获救人员数目

时间	获救人数					投入资源			
	警察厅	消防厅	海上保安厅	防卫省	总计	警察厅	消防厅	海上保安厅	防卫省
3 月 11 日	32	3	18						
3 月 12 日	397	641	229						
3 月 13 日	1631	3728	28			307500 名警察警用飞机（直升机）共计 566 架	27373 队，约 103600 名消防人员	1510 名特殊救援队人员、4413 艘船只、1564 架飞机	截至 3 月 26 日，派遣人员约 10.7 万人
3 月 14 日	448	238	19						
3 月 15 日	1183	2	24	19286					
3 月 16 日	27	0	24						
3 月 17 日	29	0	1						
3 月 18 日至 4 月 19 日	2	2	17						
小计	3749	4614	360	19286	26707				

接收国际救援力量方面，自灾难发生以来，已有 159 个国家和地区以及 43 个机构提出援助请求，28 个国家、地区和机构派出了救援队、专家组等。

此外，根据日本的支援要求，美军投入了 16000 多人、约 15 艘舰艇和约 140 架飞机（最大时），进行了大规模的活动（"托莫达奇行动"）。除了提供"罗纳德·里根"号航空母舰、"埃塞克斯"号攻击登陆舰等提供的救援物资、向各国救援队提供运输支援、搜救行动、仙台机场的恢复工作等外，还为福岛第一核电站提供了支持，提供了驳船、海军陆战队的放射性应对专业部队（CBIRF）、无人侦察机"全球鹰"等拍摄的照片。

3. 紧急医疗活动

灾难发生后，灾区的许多医疗机构都遭受了破坏。另外，在建筑物受害轻微或完全破坏的医疗机构中，工作人员的出勤、患者运送、医药品等的运送也极其困难。

虽然情况如此严峻，但受灾地区内的医务人员在受灾地区立即聚集在医疗机构从事急救医疗活动等。另外，还采取从灾区外向灾区调派灾害派遣医疗队和广域医疗运送等措施，尽力开展医疗救助。

1）派遣灾害派遣医疗队

发生灾害后，厚生劳动省迅速向都道府县等发出了派遣 DMAT 的请求，DMAT 在岩手县、宫城县、福岛县以及茨城县开展了医院支援、广域医疗运送等救援活动。另外，文部科学省也要求受灾当天向国公私立的所有大学医院派遣 DMAT。截至 3 月 22 日，多达 193 个 DMAT 团队活跃在灾区。

2）广域医疗运输

在大规模灾害时，为了向需要紧急治疗的伤病员提供灾区外的先进医疗以及减轻灾区内的医疗负担，实施了广域医疗运送。截至 5 月底，岩手县的 13 人、宫城县的 92 人、福岛县的 16 人分别被送往其他地区。

由于地震造成的道路损毁、燃料等的供给不足，受灾地区医院的医药品、医疗设备等不足。厚生劳动省于 3 月 12 日要求有关团体采取一切措施，确保对医疗机构等的医药品、医疗设备等的供给不会造成障碍，同时，为了不妨碍适当的流通，还向相关团体通知了"紧急通行车辆确认标章"的发放申请手续，以便将医药品、医疗设备等顺利运往受灾地区。

4. 生活必需品保障

从灾害发生当天开始，紧急灾害对策本部召集了相关府省的物资采购运输相关负责人，开始协调物资的采购运输，同时，要求相关团体和企业与主管部委合作。

由于此次地震规模大，灾害范围很广，地方政府功能明显下降，因此，紧急灾害对策本部直接实施物资的采购和运输。内阁在 3 月 14 日决定使用 302 亿日元预备费作为必要费用，用于物资支援。

灾民生活支援特别对策本部根据汇总受灾市町村的物资需求、各受灾县的物资要求，在相关府省以及相关团体、企业的合作下采购必要的物资，运往县指定的物资集聚据点。运送到物资集散地的物资，由地方政府以及自卫队等向各收容所等运送。

物资种类要求随灾害时间而发生变化。从灾害初期的水、食品、毛毯等开始，紧接着燃料需求增加；震后一周左右，重点物品也包括了尿布、卫生纸等日用品，随后向分流、洗发水、炊具生活用品转变。

另外，为满足石油产品需求，向相关行业提出保供给的要求、降低 3 天的石油民间储备水平、抑制出口，通过石油经营者合作，并大量投入油罐车、通过铁路进行运输、完善据点服务站等紧急的供给确保油料供给。

3.4.2.2　应对基础设施和生命线等损坏

灾害后许多市町村功能受到破坏，交通网络被大范围切断，港口等基础设施以及以电力、燃气、水为首的生命线受到严重破坏。国家、地方机关以及事业者分别进行恢复作业。在国家层次，土地、基础设施、运输和旅游部还派遣了紧急灾害对策派遣队（TEC-FORCE）（截至 5 月 29 日，共有 16879 人被派往受灾地区），迅速了解受灾情况，恢复通信、紧急运输路线，消除洪水等，支持受灾地方政府迅速恢复。

1. 交通

交通受损及恢复情况如表 3-14 所示。

表 3 - 14　交通设施受损及恢复情况

分类	受损情况	恢复情况
铁路	JR 东、私人铁路等多条线路停运。截至 5 月 31 日，以受灾严重的东北地区为中心，在 9 个事业者的 20 条线路中，全线或部分区间不通	东北新干线 4 月 29 日全线恢复运营 东京都市区的许多线路从 3 月 11 日半夜到次日早晨恢复了运营
道路	东北高速公路为首的高速公路和直辖国道停止通行，特别是太平洋沿岸的 45 号国道在各地被切断	45 号国道：3 月 12 日形成 11 条路线，作为紧急运输路线；3 月 15 日，形成 15 条路线；3 月 18 日，开路工作基本完成。 东北高速公路：3 月 24 日一般车辆完全可以通行；3 月 30 日，除了福岛第一核电站的限制区间外，常磐高速公路完全可以通行。 国道 45 号·国道 6 号：除了福岛第一核电站的限制区间外，4 月 10 日，完成紧急恢复
港口	从青森县八户市到茨城县的太平洋沿岸的所有港口的港口功能都停止	3 月 14 日开始清除作业，3 月 24 日部分码头可以利用。截至 5 月 26 日，5m 以上水深的 373 个泊位中，148 个泊位可以使用
机场	仙台机场、百里机场（茨城机场）以及花卷机场都发生了破坏。仙台机场及百里机场关闭	百里机场从 3 月 14 日起恢复运行。仙台机场从 3 月 16 日开始，开放 1500m 的跑道供救援飞机使用，运送了大量救援物资并于 4 月 13 日民航飞机恢复运行

2. 生命线工程

生命线工程受损及恢复情况如表 3 - 15 所示。

表 3 - 15　生命线工程受损及恢复情况

分类	受损情况	恢复情况
电力	共有 891 万户停电	至 5 月 27 日，东北电力管内的约 300 户停电
燃气	48 万户停止供气	至 5 月 3 日，约 42 万户已经恢复
供水	187 个市町村的供水设施受灾，暂时约 220 万户断水	至 5 月 20 日，3 个县的断水约 65000 户以上
下水道	1 都 12 县的 120 个处理设施受灾（48 个停止运行，63 个设施受损，9 个未知）。 7 个县的 112 个泵设施受损（79 个停止运行，32 个设施受损，1 个未知）	至 5 月 30 日，除 9 个未知设施外，93 个设施几乎正常运转，进行通常的处理，运转停止减少到 18 个设施。 至 5 月 30 日，除 1 个不明设施外，停止运转的设施减少到 29 个

续表

分类	受损情况	恢复情况
工业用水	13 个都县的 44 个事业受灾，供水停止	到 5 月 31 日为止，43 家企业恢复了供水（包括部分重新开始）
通信	电话等固定线路最多停止约 100 万条线路。移动基站退服最大约为 14800 个站	截至 5 月 30 日的停止电话减少到约 12000 条线路，退服基站减少约 440 个。 最多 1269 部卫星手机投入使用；配备移动电源车 100 台；车载移动电话基站 40 台，公用电话 2300 台
广播设施	宫城县 56 个电视转播站，2 个停播。至 5 月 31 日，内务省收到 23 个受灾城镇的申请，希望开通 FM 广播	分发了 1 万台便携式收音机
炼油设施	6 个炼油厂停产，1137 处加油站停止营业	至 5 月 14 日，3 处炼油厂已再运转，3 处继续停止作业； 2937 个加油站恢复运行

3. 公共建筑

文教设施方面，约 6400 所公立学校设施受损，约 3300 所社会教育设施受损。

医疗设施方面，截至 5 月 25 日，岩手县、宫城县和福岛县 380 家医院中有 300 家受损，其中 11 家医院被完全摧毁。截至 4 月 19 日，在 6531 个普通诊所和牙科诊所中，1174 个诊所受到某种损害，其中 167 个诊所被完全摧毁。

社会福利设施方面，截至 5 月 31 日，岩手县、宫城县及福岛县 875 个设施受到某种程度的破坏，其中 59 个设施全部被毁。

4. 河流和海岸设施

河流水利方面，关于直辖管理河川，北上川、利根川等发生了堤坝崩塌、堤坝裂缝、护岸受灾等 2115 处受害；县市町村管理河川也发生了同样的损害，达到 1360 处。

海岸保护设施方面，岩手县、宫城县以及福岛县 3 县的约 300km 海岸堤坝中，有 190km 被完全破坏、半毁，海啸造成 561km^2 的浸水破坏。

福岛县等 11 个县发生了 122 起泥石流灾害（19 人死亡）。

为了应对台风和雨季，采取泥土堆积，建设防沙堤，降低泥石流灾害警戒信息发表基准，布设泥石流传感器等措施。

3.4.2.3　灾民生活支援

1. 设立灾民生活援助特别对策总部

在 3 月 17 日召开的第 12 次紧急灾害对策本部会议上，为了进一步加强政府的体制，在紧急灾害对策本部下，设立以内阁府特命担当大臣（防灾）为本部首长的灾民生活支援特别对策本部。其主要任务是，在购买和运输生活必需品等、改善避难所的生活条件、促进居住稳定化、确保保健、医疗、福利、教育等服务等方面，与有关行政机关、地方政府、企业等有关团体等协调，支持灾民的生活。

灾民生活支援特别对策本部分别就灾区的恢复、灾害废弃物的处理、支援受灾者等的就业支援和创造就业、促进向受灾者提供住房等课题，分别召开了讨论、推进会议，促进了各府省之间的协调。该总部5月9日改为灾民生活支援小组。

2. 生活必需品的采购和运输

灾民生活支援特别对策本部，根据各受灾县的上报需求提供物资支援。灾害发生后一周后，各物资集聚据点出现滞留，因此国土交通省向宫城县、岩手县、福岛县及茨城县的县厅或市町村派遣13人的物流专家队伍，支援从物资集聚据点向避难所等的运输协调。4月份受灾县也开始采购物资，到4月底从本部的直接采购转移到各县自行采购。

紧急灾害对策本部案件处理组以及灾民生活支援特别对策本部的主要物资协调数量为：食品约2621万份，饮料约794万条，毛毯约41万张，燃料约1.6万升，尿布约40万张，一般药品约24万盒以及分水线约6.6万张；调配约1900辆卡车、约150架自卫队飞机、5架警察和民用直升机以及8艘船只。

此外，各地地方政府、企业、团体等也向受灾地区提供了相当数量的物资支援，并进行物资运输。截至5月30日，各都道府县卡车协会共安排了约5500辆卡车，JR货运的燃料运输货运列车共计约150列，燃料运输的油轮等船舶共计约990艘，运送自卫队等人员、车辆的渡轮约240架次，飞机约660班。

3.4.2.4　促进居住稳定

1. 建造临时住房

截至5月30日，已完成23795个单位，约36956个单元已开工建设。另有约2076个单位计划开工。

2. 二次疏散到公共住房等

土地、基础设施、运输和旅游部于3月22日为灾民设立了公共住房等信息中心，对疏散人员进行转移。财务省收集了避难者、可以立即利用的国家公务员宿舍等信息，向所有都道府县提供信息，通过都道府县向避难者免费提供国家公务员宿舍。截至5月30日，已入住的住房数量为5567套公共住房，5877套为国家公务员宿舍。

厚生劳动省还规定，私人出租房屋作为紧急临时住房，可以由地方政府借用，免费提供给避难者。截至5月26日，已入住的住房数量为11091套。

3. 临时疏散到旅馆等

地方政府在确保连续使用的住所之前，向被指定为避难所的旅馆和酒店向疏散者免费提供临时避难所。截至5月30日，从岩手县、宫城县和福岛县3个县向适用《灾害救援法》的旅馆和酒店避难的灾民人数约为27000人。

3.4.2.5　政策支持

1. 升级灾害类别为全国紧急灾害

由于预计其受害将明显超过灾害指定标准，因此，在灾害发生后的第二天3月12日，内阁决定"关于平成 23 年东北地区太平洋沿岸地震造成的灾害的灾难以及应该适用于该灾害的措施的指定政令",将灾害指定为针对全国的紧急灾害,并于 3 月 13 日颁布实施。

针对全国紧急灾害,可适用以下 18 项措施:公共土木工程设施灾后恢复项目特别财政援助;与农田等灾后恢复项目有关的特别援助措施;支持水产养殖设施的灾后恢复项目;根据《中小企业信用保险法》提供灾害担保的特别规定;以及对私立学校设施灾后恢复事业的补助、对受灾者公共住房建设等事业的补助的特别规定、与小灾害债券相关的本息偿还金的基准财政需求额的计算等、根据就业保险法支付求职者福利的特别例等。

此外,提升灾害级别后,还采取了一系列保护受灾者权益的措施。如延长行政权利和福利到期日至 8 月底;豁免未按时履行的行政义务至 6 月底,而不追究行政和刑事责任;暂停启动公司破产程序;免除灾害后 3 年内引起的民事纠纷调停申请费,至 2014 年 2 月底;延长临时住房的有效期等。

2. 税收预算政策

4 月 27 日颁布平成 23 年第 29 号法律《东日本大地震受灾者等的国家税法特别法》、第 30 号法律《修改地方税法的一部分的法律》,减轻现行税制时的负担。

5 月 2 日,提出 4 兆 153 亿日元的补充预算,用于东日本大地震中恢复费用。还颁布第 40 号法律《应对东日本大地震的特别财政援助及补助法》,为地方政府提供财政援助,指定 148 个市町村为援助对象;为指定的 214 个市镇受灾者减免社会保险费;为中小企业者提供财政援助。

3.4.3　部分部委在灾害应急响应中的改进

部委	教训	措施
总务省	信息传递手段需要多样化,补充防灾行政无的信息传达手段	提出"安心·安全的公共设施事业"推动"公共信息公共事业"的全国普及,截至 2021 年 3 月末,有 12 个府县参加
总务省	安全避难路径、食品安全	利用地理信息云服务制作精美的危险图; 推进食品可追溯性信息的有效记录和使用
总务省	大规模灾害等紧急事态下通信保障	确保语言,改善其他,研究抗堵塞技术; 通信设备应急恢复,卫星电话配置,电源稳定; 提供网络耐灾性,互联网及云服务使用,通信运营商合作体制
总务省	停电、传输线路中断	多路径化,提高环状网络可靠性,分散布置;制定预案;修改通信容量和限制
总务省	ICT 灵活使用	灾害发生时 ICT 的灵活运用; ICT 部门的业务继续计划; ICT 部门的信息安全对策的应有状态

部委	教训	措施
气象厅	海啸警报第一次警报中的地震规模推测过低，续报因地震仪失联无法迅速实施	导入新的监视和判定方法； 配备了无法挣脱的宽带地震仪； 建设雷式海底海啸计
气象厅	长时间周期地震情报	长周期地震相关信息的应有状态讨论会，针对地震后不久的初动对应，对长期性地震对长周期性建筑物产生影响的人为、物性灾害的早期把握等有效的报告提供方式进行了讨论
警察厅	重新审视警察在灾害应对中的作用	设置"灾害对策讨论委员会"，新设"警察灾害派遣队"，多重备份设施，推进防灾业务计划修改
消防厅	大规模地震灾害以及伴随着海啸灾害的对应	修订"海啸对策推进计划（H14.3）"； 制定海啸避难计划； 举办居民参加的海啸避难演习
消防厅	抢救技术的精良化，城市救援队伍的使用及组成	讨论指挥队、救助队、急救队、医疗等的多种力量合作； 制定救助活动要领
消防厅	急需加强紧急消防救援队的应对能力	紧急采购装备； 召开紧急消防援助队运用联络会议专门部会，重新修改针对该课题和解决的方向性和紧急消防援助队的支援等实施计划及受援计划
消防厅	消防防灾体制的充实和强化	制定地区综合性地震和海啸对策； 研究紧急消防援助队的有效运用、设施整备； 制定危险物设施等的地震、海啸对策； 强化防火、防灾管理体制
消防厅	消防人员安全，保障生命，救治，救急医疗资源	加强地震、海啸的监视、观测体制和海啸警报的改善； 确立退避规则和明确海啸灾害时的消防团活动； 信息传递体制、手段的复用； 充实装备及教育训练； 提高居民的防灾意识，加强整个地区的海啸建设

续表

部委	教训	措施
消防厅	规模灾害发生时消防总部初始活动方式	事前计划的制定及操练的实施； 灾后有效的信息管理体制和灾害应对体制的应有状态； 根据灾害（包括海啸）发生状况的活动方针（包括安全管理）和决定时间和方针的判断要素； 大规模灾害发生时的部队运用策略； 与消防团等的信息共享与合作的存在方式
内务府	物资筹措、运输调整：物资调度、库房管理、末端输送	引进"推进型"支援，即使无法准确把握灾区的要求和需求，国家也会确保物资并导入所谓的"推送型"物资支援； 物资筹措、运输的可视化
内阁官房	强化官邸的危险管理机能	构建能迅速准确应对紧急事态的体制； 危机管理中心功能的强化； 案件应对手册的修订； 整备、扩充高度信息集约系统
内阁府	防灾基本计划的修正	考虑到所有可能性的最大级别的地震、海啸设想的实施； 两个级别的设想和各自的配对； 建造耐海啸的城市； 向国民普及防灾知识； 充实地震、海啸相关研究及观测体制； 海啸警报等的传达及避难体制的保障； 地震灾害救援对策
内阁府	支持受灾地方公共团体的体制构建	构筑广域的互助系统等体制； 灾害应对方面的宣传
内阁府	中央防灾会议"防灾对策推进探讨会"	2011 年 10 月 11 日根据中央防灾会议的决定设置； 10 月 28 日第一回主题：会议的内容，今后前进的方向等； 11 月 28 日第二回主题：关于东日本大地震的应急对策等的总结、据此修改防灾基本计划； 12 月 7 日第三回主题：关于全国防灾对策费用的考量，灾害对策法律的应有状态； 2012 年 2 月 1 日第四回主题：关于大规模灾害对策，关于自然灾害的对应体制； 2 月 16 日第五回主题：向中央报告的会议； 3 月 7 日第六回中间报告的决定和发表； 4 月 18 日第七回主题：关于各府省的防灾对策的措施（厚生劳动省·国土交通省）； 4 月 26 日第八回主题：关于各府省的防灾对策的措施（总务省、防卫省、警厅）夏季前后最终报告

续表

部委	教训	措施
内阁府	防灾训练的充实与强化	"防灾日"综合防灾训练：政府本部运营训练、政府调查团派训练； 政府图上（模拟）训练：首都直下地震的政府图上训练、紧急灾害对策本部事务局功能班图上训练； 各危险区的训练（海啸防灾训练）； 地域块广域训练； 与地方公共团体等联合的实际活动训练； 任务继续计划验证训练
国土交通省	东京圈中枢功能备案的探讨	指出各种功能的支援的存在方式、功能分担、配置的应有方式
国土交通省	强化紧急灾害对策派遣队（TEC-FORCE）的体制	制定应对最大级别地震造成的设想损失的广域活动计划； 制定计划实施与相关机构合作的广域实动训练
国土交通省	支援物资的顺利可靠的运输	提出最大限度活用民间物流经营者的"支援物资物流系统的基本想法； 395处民间物资据点确定可用于灾害时的民间物品点； 构建官民合作体制，与物流企业签订合作协议，在都府县灾害对策本部编制了支援物资物流相关的专门性组织
经济产业省	灾害时对预想流通供应链的强化	构建信息集约基础设施（数字基础设施），即使在灾害发生时，也能顺利配送生活必需品、配送库存、店铺销售，并将物资送到消费者手中； 实证事业的实施，招募生活必需品等消费品相关的国内厂家、批发商、零售商参加

3.4.4　地震应对分析

日本是一个多灾国家，应急体系相对成熟，制度层面的防灾立法、技术层面的地震预警、社会层面的公众参与，都是世界其他国家学习的典范在应对东日本大地震过程中，日本政府采取了一系列举措[43,44]，主要有：

（1）设立官邸对策室处理危机事务。地震发生后，日本政府迅速做出反应，在首相官邸危机管理中心设立官邸对策室，所有内阁成员到官邸集中。数小时以后，日本首相营直人发表电视讲话，就救灾工作做出部署。

（2）及时发布地震和海啸预警。强震发生后，政府通过广播、电视和卫星数据传输系统来播发地震警报。数百万日本人在大地震发生前大约1分钟得知了地震的消息，3分钟后预警海啸。

（3）灾情信息公开及新闻报道及时。利用电视机或收音机在 30s 内进行地震速报，大约 2 分钟内披露更加详细的报告，如震源、震级、离地表距离和受灾地区破坏情况等；利用网络媒体发布避难、灾情信息；利用新闻报道动态播出灾情应对进展，NHK 视频音频声频同步全天候播报灾情信息；日本官房长官平均每 5 小时召集一次记者通气会。

（4）迅速调动自卫队投入救援。起初奔赴灾区的自卫队队员为 900 人，随即人数增长到 8000 人，其后又增至 2 万人，12 日晚间增至 5 万人，13 日人数上升到了 10 万人。

（5）紧急撤离受灾民众。大约有 37 万人在 2100 个避难设施中避难，撤离核电站周围 20km 范围内居民。

（6）积极开展救灾外交，请求国际支援。震后第 4 日，全球共有 121 个国家向日本政府表达慰问，68 个国家表态愿意为救灾提供国际人道主义援助。

（7）利用高科技产品开展救援。东京和仙台的两支救援队启用机器人作为搜救行动中的助手。

（8）灾后不久，保险公司迅速理赔损失保险，成为灾区人民的精神支柱。灾后 5 个月内，因东日本大地震而支付的地震保险理赔件数大约有万件，总金额高达 11200 亿日元。

虽然应对地震采取了一系列举措，但地震引发的海啸、核电站事故造成了巨大的影响，特别是核电站事故影响至今仍未见到有效处理措施，显现出在灾害处理方面仍然存在不足，体现在：

（1）核电站事故应对方面：

①政府主导的指挥系统未能有效实施应急对策。依据日本原子能灾害特别措施法，在首相官邸内的原子能灾害对策本部（首相任本部长）将成为总司令部，现场设置的原子能灾害现场对策本部作为分支机构来指挥现场的事故处理工作。实际上福岛核事故现场对策本部直至 15 日才成立，现场对策本部未发挥其应有作用，原子能灾害对策本部几乎包办了所有的决策制定工作。且对策本部的决策是首相官邸、经济产业省原子能安全保安院、东京电力三方进行协商，然后根据达成的协定，在东京电力的主导下，以东京电力的现场本部为前线司令部，进行事故处理工作。

②政府各部门，中央和地方、政府与企业间沟通不足，政出多门，信息发布迟缓、失实。政府信息来源过于单一，完全依靠东电公司发布的信息，如福岛核电站避难范围先后从 5km、10km、20km 扩大到 30km，但美国驻日本大使馆发出的警告则是一开始就要求核电站周围 80km 内的美国侨民必须立即撤离[45]。造成人们对日本政府发布信息的准确性、权威性产生怀疑。

③东京电力实力不足以应对事故。尽管东京电力是一个巨型企业，但也不可能动员日本所有核能专家，因此东京电力及与之联系密切的企业群承担了所有实质性的处理工作，造成进展非常缓慢。

④居民辐射防护对策不健全。震后 27 小时后才针对半径 20km 范围内的区域下达了避难指示，未公布相关的依据，也未随着事故影响及时发布新的指示。提出的自主避难要求在全球各种原子能灾害对策中也是史无前例的。

⑤缺乏有效的核事故防灾计划。按照原子能安全委员会防灾指南规定，各个都道府县制定的原子能防灾计划将反应堆周围约 8~10km 范围作为重点防范区域，范围明显狭小，应将

半径 50km 范围作为重点防范区域。同时还应考虑大规模军民避难所需的条件，制定区域性、全国性的原子能防灾计划。

（2）灾害应对方面：

①政府初期救援混乱。部门分割、权力分散导致未能在第一时间由首相官邸一元指挥紧急调配国家资源，也没有第一时间在重灾区各县建立对应的现场对策本部，核事故应对方面挤牙膏式的决策滞后于情势的发展，不同救援力量需要不同部门批准。

②指挥系统陷入混乱，省厅间争夺权力，互相推脱棘手的工作。如原子能安全委员会几乎没起到任何作用，地震当日参与原子能安全委员会会议的仅有数人，且派往现场的人员仅一人；此外，信息的传达共享工作不够到位，紧急时辐射影响迅速预测网络系统的测算结果于灾后次日凌晨传真到了首相官邸，但由于"危机管理中心"没能共享此数据，该结果未被报告给菅直人首相。

③在政府内部的"危机管理中心"未能有效运作。其设立本旨是危急时刻能够迅速提出处理方案，但由于其由各省要员临时组建的，横向关系薄弱，条条行政的弊端无法跨越，且平时准备工作不足，使得危机爆发后，频频召开会议，却提不出相应对策。

④队伍反应能力迟缓。地震发生后，救援力量逐步投入，重灾区救援力量不足。自卫队重型装备因道路不通无法进入灾区，灾后前四天救灾局限于数量有限且以"点状救援"为主的垂直救援。

⑤社会动员程度不够。表现多为专业主义、程序主义、有序参与，大多能做到维持灾后秩序稳定，可排队领取物资，但参与救援的民间志愿者少，居民之间的互助也不多。

⑥救援行动不力。灾后五天后的救援行动松散、缺乏效率与物资。如在福岛县以下的灾区，见不到任何外国驰援的迹象；部分灾区如名取市一直维持着海啸过后的景象。

⑦物资供应不足。震灾爆发逾 10 天，灾区许多避难所食物及御寒用品不足，一天只能给每人供应 2 个饭团。

3.5　小结

本章从震后指挥体系、国务院抗震救灾指挥部及其成员单位震后响应、省级及市县级抗震救灾应急响应几个方面，分析了汶川地震、玉树地震、芦山地震 3 次大震巨灾中我国应急指挥机构的响应过程，梳理了震后国务院抗震救灾指挥部的应急响应时刻表；分析了东日本大地震中指挥机构的成立、初始应急响应，及采取的改进措施。

国内 3 次地震国家都启动了一级响应，但从人员伤亡、经济损失以及调动的规模来看，汶川地震、玉树地震、芦山地震不属于一个量级，人员死亡数量分别为十万、两千、两百；从国务院抗震救灾指挥部应急响应时刻表看，汶川、玉树两次地震指挥部的启动、各阶段时间、不同阶段的任务也不在一个层级，且在玉树地震中国务院抗震救灾指挥部以指导地方抗震救灾为主，而在芦山地震中国务院抗震救灾指挥部以协调、支持为主。

此外，3 次地震响应中指挥协调、信息共享方面存在一些问题：

（1）建立统一指挥体系的速度慢，但趋势是越来越快。汶川地震、玉树地震都建立了国家、省和州三级指挥体系，玉树地震统一指挥体系的建立要快一些，且纳入了军队、武警力量；芦山地震则更进一步，建立了省、市、县三级合一的指挥体系，统一指挥地方、军队救援力量，且建立速度在 3 次地震中最快。

（2）社会应急力量协调管理机制还需加强。汶川地震、玉树地震中不同社会力量没有配合，造成了分配不均和大量浪费，有的救援力量甚至成为了灾区的负担。芦山地震时则更加注重秩序和实效，要求各方面力量未经批准原则上暂不前往灾区，所有救援物资都由指定物流公司转运，呼吁志愿者不要自行赶往灾区。

（3）各级指挥部内设机构不一致。汶川地震中各级指挥部内设工作组数量、名称不一致，职能未完全对应；玉树地震各级指挥部内设工作组基本在 7~10 个，工作组职能基本相近，更适应统一指挥协调；芦山地震时省市指挥部具有较明显的分工，造成省市级指挥部内设工作组不一致，县级指挥部工作组设置也存在较大的差别。

（4）3 次地震的各级指挥部内部都设置了信息宣传组/宣传报道组，但与美国常设联合信息中心 JIC、日本常设危机管理中心、俄罗斯常设国家危机管理中心不同，我国没有专门的信息机构，各级指挥部也未设置信息组，使得灾区信息在缺乏部门横向流动的同时，在不同层级指挥部之间的垂直渠道也存在障碍。

（5）缺乏灾情信息快速获取技术手段。大震巨灾后政府功能往往受到破坏，灾情收集报告出现严重困难，基础设施破坏使得信息传递受到严重阻碍，无法及时获得相对全面准确的灾情信息，无法为指挥决策提供依据。特别是农村留守人员接受新技术、新手段能力弱，更需要自动化、抗震性强的信息收集传输、发布技术与设备，以解决信息孤岛问题。

（6）缺乏灾情信息由基层直接分享至不同级别政府的机制，逐级上报制度影响了时效性、准确性；缺乏灾情信息在不同部门之间的共享机制，未形成横向传递渠道。

附件 3－1：四川汶川 8.0 级地震国务院抗震救灾总指挥及相关工作组会议及协调工作

序号	日期	时间	组别	主题	主要内容
1	5月12日	16时44分	国务院	国务院抗震救灾总指挥部成立	救援组、预报监测组、医疗卫生组、生活安置组、基础设施组、生产恢复组、治安组、宣传组 8 个抗震救灾工作组
2	5月18日		国务院	《关于国务院抗震救灾总指挥部工作组组成的通知》	调整、完善总指挥部组成机构，明确设立抢险救灾组、群众生活组、地震监测组、卫生防疫组、宣传组、生产恢复组、基础设施保障和灾后重建组（原为基础设施保障组）、水利组、社会治安组 9 个工作组，并明确各组工作职责、牵头单位和成员单位
3	5月28日		国务院	《关于当前抗震救灾进展情况和下一阶段工作任务的通知》	国务院批转国务院抗震救灾总指挥部《关于当前抗震救灾进展情况和下一阶段工作任务的通知》，提出抗震救灾总的要求是坚持以人为本，切实做好伤员救治和卫生防疫，安排好受灾群众生活，严密防范余震破坏次生灾害，规划灾后重建，同时部署恢复生产，维护好社会正常秩序
4	7月2日		国务院抗震救灾总指挥部	向全国政协十一届常务委员会第二次会议提供《关于四川汶川特大地震抗震救灾及灾后恢复重建工作情况的报告》	
5	10月14日		国务院抗震救灾总指挥部	向国务院呈报《四川汶川特大地震抗震救灾工作总结报告》	国务院抗震救灾总指挥部撤离汶川地震灾区

续表

序号	日期	时间	组别	主题	主要内容
6	5月13日	16时30分	军队抗震救灾指挥组	在北京召开第一次会议	强调全军和武警部队要把抗震救灾工作作为当前首要和重大政治任务来完成。会议要求，要组织救灾部队快速到位，全力做好各项保障工作，加强与国家有关部门和地方政府间的沟通协调，严防发生连锁事件，确保部队自身的安全稳定。会议明确，为提高组织效率，部队到达灾区后的组织输送和用兵安排由成都军区负责
7	5月15日	9时	军队抗震救灾指挥组	在北京召开第二次会议	会议要求，部队务必在15日之前全部到达受灾严重的乡镇，及时掌握准确灾情，精心组织部队行动，切实加强工作预见性，周密搞好各项保障。同日，军队抗震救灾指挥组下发《明确军队参加抗震救灾指挥协同问题》指示，明确成立成都军区成立抗震救灾联合指挥部，负责对进入成都战区的抗震救灾部队实施统一指挥，统筹协调各部队任务安排、行动协同、交通管制和综合保障。指示还明确，各级指挥机构派人参加相关地方政府抗震救灾指挥部工作。抗震救灾部队接受任务地城党委、政府的指导协调
8	5月15日		军队抗震救灾指挥组	《明确军队参加抗震救灾指挥协同有关问题》	
9	5月17日	9时	军队抗震救灾指挥组	在北京召开第三次会议	会议要求，从政治和全局的高度出发，坚持以人民利益为重，顾全大局，团结协作，把救人作为当务之急，重中之重，适时调整救援工作重心；科学使用空运运力，道桥抢筑城，医疗防疫，核化防护力量，想方设法把情况查准报快；在坚持救人高于一切的前提下，适当把工作重心转到救人与救灾结合上来；精心组织，落实各项保障措施

续表

序号	日期	时间	组别	主题	主要内容
10	5月18日	9时	军队抗震救灾指挥组	在北京召开第四次会议	要求把抢救人民生命作为抗震救灾的当务之急，重中之重，部队务必于19日14时28分前到达所有受灾乡村；积极协助受灾群众解决基本生活急需；组织兵力帮助地方恢复基础设施和开展灾后重建，采取切实措施，确保安全稳定；进一步加强与地方指挥部的协调，有效改进组织指挥和行动方法
11	5月24日		军队抗震救灾指挥组	《关于全力做好协助地方安置受灾群众工作的指示》	军队抗震救灾指挥组向成都军区联指下发《关于全力做好协助地方安置受灾群众工作的指示》
12	6月17日		军队抗震救灾指挥组	在北京召开第五次会议	研究部署下一阶段军队抗震救灾工作。会议要求，抗震救灾进入新的阶段，要全力以赴做好救治伤员，安置受灾群众，加强卫生防疫，抢修基础设施和灾后重建工作
13	5月15日	15时	军队抗震救灾指挥组	中央军委领导在成都军区主持召开解放军和武警部队抗震救灾任务部署会	会议明确，在国务院抗震救灾总指挥部和中央军委的指挥下，四川灾区解放军和武警部队的抗震救灾由成都军区统一组织指挥，成立成都军区抗震救灾联合指挥部，由成都军区司令员李世明任总指挥，成都军区政委张海阳任政委，将部队抗震救灾地区划分为5个责任区，按照"成都军区抗震救灾联合指挥部—责任区指挥所—任务部队指挥机构"三级指挥体系组织指挥抗震救灾

续表

序号	日期	时间	组别	主题	主要内容
14	5 月 15 日	14 时 05 分	军队抗震救灾指挥组	国家地震灾害紧急救援队空降汶川	国家地震灾害紧急救援队 40 名救援队员携带 4 条搜救犬和专业装备，乘坐成都军区某部直升机空降至震中汶川县映秀镇，展开搜救行动
15	5 月 12 日	14 时 43 分	预报监测组	余震信息	汶川县（北纬 31.0°，东经 103.5°）发生 6.0 级余震，33km
16	5 月 12 日	19 时 10 分	预报监测组	余震信息	汶川县（北纬 31.4°，东经 103.6°）发生 6.0 级余震，33km
17	5 月 13 日	15 时 07 分	预报监测组	余震信息	汶川县（北纬 30.9°，东经 103.4°）发生 6.1 级余震，33km
18	5 月 18 日	1 时 08 分	预报监测组	余震信息	江油市（北纬 32.1°，东经 105.0°）发生 6.0 级余震，33km
19	5 月 25 日	16 时 21 分	预报监测组	余震信息	青川县（北纬 32.6°，东经 105.4°）发生 6.4 级余震，33km
20	7 月 24 日	15 时 09 分	预报监测组	余震信息	宁强县与青川县交界处（北纬 32.8°，东经 105.5°）发生 6.0 级余震，10km
21	8 月 1 日	16 时 32 分	预报监测组	余震信息	平武县与北川羌族自治县交界地带（北纬 32.1°，东经 104.7°）发生 6.1 级余震，20km
22	8 月 5 日	17 时 49 分	预报监测组	余震信息	青川县（北纬 32.8°，东经 105.50°）发生 6.1 级余震，20km
23	5 月 12 日	晚上	群众生活组	民政部在北京组织召开有国务院有关部门参加的紧急会议	组建国务院抗震救灾总指挥部群众生活组
24	5 月 13 日		群众生活组	在北京召开全体成员会议	研究部署抗震救灾重点工作，确定成员单位的责任分工
25	5 月 14 日		群众生活组	在北京召开工作协调会	关于接收国际社会向地震灾区援助物资的协调会议，就建立接收国外救灾援助物资快速通道和协作工作机制进行协商
26	5 月 15 日	晚上	群众生活组	在北京召开协调会议	研究四川省提出的灾区救灾应急物资需求问题

续表

序号	日期	时间	组别	主题	主要内容
27	5月22日		群众生活组	在北京召开会议	专题研究救灾捐赠物资运输特别是驻外使领馆募集的大盐救灾帐篷向灾区运输问题
28	5月24日		群众生活组	加大对山区提供彩条篷布	根据中共中央总书记胡锦涛等领导同志加大对山区提供彩条篷布的批示，国务院抗震救灾总指挥部前方指挥部群众生活组与四川省民政厅决定在民政厅前期运抵绵阳61吨彩条布基础上，25日再安排15吨彩条布运往绵阳。同时，决定使用民政部接收的非定向救灾捐赠资金，紧急为灾区采购2000吨防雨篷布
29	6月17日		群众生活组	建议修改接收境外援助方式	群众生活组致函外交部应急办，表明灾区已全面进入恢复重建阶段，建议对接收境外援助一般生活类物资表示婉拒，改以收取现金为主
30	5月12日	晚上	卫生防疫组	卫生部牵头组建国务院抗震救灾总指挥部卫生防疫组	
31	5月15日	20时	卫生防疫组	在北京召开第一次全体成员会议	听取各成员单位抗震救灾工作进展情况通报，确定成员单位工作职责，研究卫生防疫工作协调机制，部署下一阶段抗震救灾医疗救治和疫情防疫工作
32	5月18日		卫生防疫组	在北京召开第二次全体成员会议	将国务院抗震救灾指挥部第8次会议提出的"抓紧被救救伤病人员的救治工作"和"全面加强灾区卫生防疫工作"两项内容，具体分解为12项工作内容，并明确每一项内容的负责部门，以确保各项工作落到实处
33	5月25日		卫生防疫组	在成都召开前方工作会议	要求切实做好伤病救治和卫生防疫工作，确保大灾之后无大疫。会议决定，军地有关部门建立统一指挥的卫生防疫体系，加强统筹指挥及协调工作

续表

序号	日期	时间	组别	主题	主要内容
34	5 月 27 日		卫生防疫组	卫生部召集有关部门负责人举行会议	卫生防疫组成员单位和环境保护部、科技部、地震局等进行专题研究地震灾区环境污染整治的相关问题
35	6 月 8 日		卫生防疫组	在北京召开第三次全体成员会议	分析抗震救灾卫生防疫工作形势和工作任务，进一步明确各成员单位职责分工和工作协调机制
36	6 月 23 日		卫生防疫组	在北京召开第四次全体成员会议	通报卫生防疫组工作进展情况，要求按照中央确定的恢复重建对口支援总体要求，落实"一省支援一个重灾县"工作方案，军队和地方医疗卫生防疫力争要做到密切配合与无缝衔接
37	5 月 12 日	23 时	基础设施保障组	发展改革委召开紧急会议，组成国务院抗震救灾总指挥部基础设施保障组	要求各成员单位抓紧摸清电力、运输、水库等重要基础设施损毁情况，全力以赴保障煤电油运救灾物资供应，尽快恢复基础设施，迅速抢修道路、通电、通信和供水
38	5 月 13 日	20 时	基础设施保障组	在北京召开第二次会商会议	要求尽快摸清重要基础设施损毁情况，迅速修复基础设施，尽快恢复通路、通电、通信等应急，保障药品、生活等重要救灾物资供应和应急调运工作；全面进入一级应急响应状态，严防次生灾害，力争把地震灾害造成的损失降低到最低程度；在保障抗震救灾需求的同时，做好全国市场供应和价格稳定工作
39	5 月 14 日	20 时	基础设施保障组	在北京召开第三次会商会议	要求全力组织向灾区调运生活物品和救灾物资；水利和电力部门密切跟踪水库大坝受损灾害，防范次生灾害；启动重要商品市场供应和价格监测机制，稳定物价
40	5 月 15 日	20 时	基础设施保障组	在北京召开第四次会商会议	协调防范灾区水库垮坝和救灾成品油供应问题，建议国务院专题研究工作在外务工的灾籍民工稳定问题

续表

序号	日期	时间	组别	主题	主要内容
41	5月16日		基础设施保障组	在北京召开第五次会商会议	对四川绵阳机场航煤告急、四川部分电厂存煤不足和动用储备粮保障灾区粮食供应等问题进行协调，提出保障供应方案与措施
42	5月17日		基础设施保障组	在北京召开第六次会商会议	研究部署公路物资运输的指挥协调，灾区损毁建筑和生活垃圾处理和确保灾区粮食供应等问题
43	5月18日		基础设施保障和灾后重建组	在北京召开第七次会商会议	协调解决危险品（部分医药、卫生和防疫用品，如液体药品、消毒剂等）航空运输，向灾区通信设备空投油料等问题
44	5月19日		基础设施保障和灾后重建组	在北京召开第八次会商会议	研究部署继续全力抢修公路、铁路、通信，供水等受损基础设施，加强抢险救灾物资生产，选集和调运救灾物资协调等重点工作
45	5月20日		基础设施保障和灾后重建组	在北京召开第九次会商会议	协调部分救灾物资（液体、电池等）民航运输安全检查，抢通乡镇通道备用油保障和抢通乡镇道路所需小型工程机械等问题
46	5月21日		基础设施保障和灾后重建组	在北京召开第10次会商会议	要求各成员单位认真落实国务院常务会议精神，继续把抗震救灾作为最重要最紧迫的任务，坚持"两手抓"，一手毫不松懈地抓抗震救灾，一手坚定不移地抓经济发展，做好基础设施的抢修、保通，灾区防疫及灾民安置所需物资调运，粮油供应和煤电油运保障工作
47	5月23日		基础设施保障和灾后重建组	在北京召开第11次会商会议	要求各成员单位为妥善安置受灾群众、加强卫生防疫、防范次生灾害、尽快恢复生产等方面提供有力、有序、有效的基础设施保障；对灾后重建工作做到早组织、早谋划、早安排。发展改革委拟订灾后重建规划方案，并请各成员单位立即着手灾后重建的前期准备工作

续表

序号	日期	时间	组别	主题	主要内容
48	5 月 24 日		基础设施保障和灾后重建组	在北京召开第 12 次会商会议	要求各成员单位立即采取有效措施防止活动板房原材料价格过快上涨，协助做好善受灾群众，灾区卫生防疫等工作，确保灾区特别是农村饮水安全，切实做好信息发布工作，抓紧开展灾后恢复重建前期工作
49	5 月 25 日		基础设施保障和灾后重建组	在北京召开第 13 次会商会议	落实国务院部署的事项，研究有关成员单位反映的问题，要求全力做好四川煤电油运应供应保障，并建议适当安排重要基础设备转运所需的活动板房
50	5 月 26 日		基础设施保障和灾后重建组	在北京召开第 14 次会商会议	部署做好活动板房产运需衔接等项工作
51	5 月 27 日		基础设施保障和灾后重建组	在北京召开第 15 次会商会议	部署继续抓紧抢修基础设施，尽快全面恢复灾区交通，通信、供电、供水
52	5 月 29 日		基础设施保障和灾后重建组	在北京召开第 16 次会商会议	部署全力做好活动板房生产和运输保障工作
53	5 月 31 日		基础设施保障和灾后重建组	在北京召开第 17 次会商会议	研究做好灾区生活生产恢复和灾后重建相关工作
54	5 月 14 日	晚上	生产恢复组	工业和信息化部在北京召开国务院有关部门参加的会议，成立国务院抗震救灾总指挥部生产恢复组	
55	5 月 27 日		生产恢复组	在北京召开第一次会议	通报工业、农业恢复生产和商品流通恢复情况，研究地震灾区生产恢复工作

续表

序号	日期	时间	组别	主题	主要内容
56	5月27日		生产恢复组	《关于当前四川地震灾区通信恢复的工作方案》	工业和信息化部前指生产恢复组通信小组发出《关于当前四川地震灾区通信恢复的工作方案》
57	5月12日	19时50分	宣传组	国务院抗震救灾总指挥部宣传组在都江堰搭建的临时帐篷内开展工作，统筹协调前方报道工作	
58	5月12日	20时	宣传组	召开第一次会议	对抗震救灾新闻报道工作出具体部署
59	5月13日	9时	宣传组	建立新闻发布会制度	负责人等在前方通过电话协调中央外宣办，四川省政府，从即日起分别在北京，成都每天召开新闻发布会，公布受灾情况（包括伤亡人数等），通报救灾进展
60	5月16日		宣传组	在北京组织召开工作会议，通报抗震救灾工作进展情况，分析有关舆论	会议要求，宣传中共中央、国务院决策部署，报道中共中央总书记胡锦涛到灾区考察工作，慰问一线干部群众，宣传解放军、武警官兵、公安消防干警、专业救援队伍、基层党员干部、医护工作者、教师以及各行各业全力以赴抗震救灾的先进事迹
61	5月18日		水利组	在都江堰召开现场会	要求加强对出险水库和堰塞湖的监控、处置，确保水库、水电站安全，全力保障灾区供水安全
62	5月21日		水利组	在北京召开全体会议	要求各成员单位明确目标责任，有效整合资源，加强协调沟通，搞好信息共享和宣传报道，按照议定职责分工抓好落实，举各部门之力，做好水利组抗震救灾工作
63	5月23日晚上		灾后重建规划组	国务院抗震救灾总指挥部第13次会议	会议指出要组建灾后重建规划组，制订灾后重建总体规划方案，制订恢复重建政策措施

续表

序号	日期	时间	组别	主题	主要内容
64	5 月 28 日		灾后重建规划组	国家汶川地震灾后重建规划组在北京召开第一次全体会议，对《灾后重建规划工作方案》进行讨论	明确灾后重建规划工作任务分工和时间要求。灾后重建规划组组长由发展改革主任张平担任，副组长由四川省省长蒋巨峰、住房城乡建设部部长姜伟新担任。灾后重建规划组办公室设在发展改革委，下设综合、起草、政策、筹资和专家 5 个小组
65	6 月 13 日		灾后重建规划组	国家汶川地震灾后重建规划组在北京召开第二次全体会议	讨论《汶川地震灾后恢复重建总体规划大纲》和《灾后恢复重建规划范围的初步意见》，听取四川省、陕西省、甘肃省灾后重建总体规划以及各专项规划、政策研究进展情况汇报
66	7 月 1~6 日		灾后重建规划组	国家汶川地震灾后重建规划组办公室组成调研组到什邡、绵竹、北川、安县、青川等地灾区考察灾区损失情况和重建工作情况	
67	7 月 14 日		灾后重建规划组	国家汶川地震灾后重建规划组在北京召开第三次全体会议	通报国务院抗震救灾总指挥部第 23 次会议通过的《关于灾后恢复重建规划范围的意见》，审议民政部提出的《汶川地震灾害损失与评估报告》和中科院提出的《资源环境承载能力评价报告》，对总体规划衔接协调和汇总综合等工作进行部署
68	8 月 4 日		灾后重建规划组	国家汶川地震灾后重建规划组在北京召开第四次全体会议	审议并原则同意《国家汶川地衣灾后恢复重建总体规划（讨论稿）》，并对关系规划编制和灾后恢复重建的重大问题进行了研究

序号	日期	时间	组别	主题	主要内容
69	11月6日		灾后恢复重建工作协调小组	国务院领导批示同意发展改革委《关于汶川地震灾后恢复重建工作协调小组组建方案的请示》，同意成立协调小组	国务院领导批示同意发展改革委《关于汶川地震灾后恢复重建工作协调小组组建方案的请示》，同意成立以发展改革委为组长单位，财政部和住房城乡建设部为副组长单位，国务院有关单位为成员单位的协调小组。按照中共中央政治局常委、国务院总理温家宝批示精神，协调小组全称为国务院汶川地震灾后恢复重建工作协调小组
70	12月27日		灾后恢复重建工作协调小组	在成都召开汶川地震灾后恢复重建对口支援工作会议	总结交流工作进展情况和好做法、好经验，研究分析存在的主要问题，对深入推进下一阶段对口支援工作、加快灾后恢复重建步伐提出明确要求
71	2009年				
72	3月23日		灾后恢复重建工作协调小组	在北京召开第二次全体会议	对农村贫困户住房重建、农村信用社支持政策、中小企业信贷资金落实、地质灾害和河道治理、加强技术力量支持、城镇住房恢复重建、青川县政府驻地灾后重建项目调整、规划外其他灾区重建、加快进度、时间界限等问题进行研究并提出协调落实意见
73	8月14日		灾后恢复重建工作协调小组	在北京召开第三次全体会议	审议研究《关于汶川地震灾区部分在外务工经商人员及其家属在就业地落户的指导意见》和《关于落实十一届全国人大常委会第九次会议审议意见和建议的工作分工》，并就规划实施中期评估相关工作做出部署
74	10月22日		灾后恢复重建工作协调小组	在松潘召开汶川地震灾后恢复重建对口支援工作座谈会	要求全面推进规划项目建设，抓好项目竣工验收，交付使用和后期管理工作，进一步为对口援建创造有利条件，积极探索巩固援建成果的长效机制，确保质量安全、施工安全和资金安全

续表

序号	日期	时间	组别	主题	主要内容
75	12月10日		灾后恢复重建工作协调小组	四川省提交报告	四川省政府向国务院汶川地震灾后恢复重建工作协调小组上报《关于实施〈汶川地震灾后恢复重建总体规划〉的阶段性总结报告》和《关于四川省汶川地震灾后重建规划项目中期调整的报告》
76	2010年7月15日		灾后恢复重建工作协调小组	2010年7月15日，省政府办公厅提交补充报告	2010年7月15日，省政府办公厅又向协调小组上报《关于四川省汶川地震灾后恢复重建规划中期调整的补充报告》
77	12月29日		灾后恢复重建工作协调小组	甘肃省提交报告	甘肃省政府向国务院汶川地震灾后恢复重建工作协调小组上报《关于甘肃省地震灾后恢复重建规划项目调整的报告》
78	12月31日		灾后恢复重建工作协调小组	陕西省提交报告	陕西省政府向国务院汶川地震灾后恢复重建工作协调小组上报《关于报送我省四个重灾县灾后恢复重建规划项目调整情况的函》
79	2010年3月14日		灾后恢复重建工作协调小组	2010年3月14日，陕西省政府《关于我省四个重灾县灾后恢复重建规划项目调整情况的函》	2010年3月14日，省政府又向协调小组上报《关于我省四个重灾县灾后恢复重建规划项目调整情况的函》
80	2010年				
81	2月1日		灾后恢复重建工作协调小组	在北京召开第四次全体会议	审议四川、甘肃、陕西三省灾后恢复重建规划项目调整情况报告，审议对口支援工作总结表彰建议方案，并明确下一步工作重点事项
82	3月24～28日		灾后恢复重建工作协调小组	穆虹一行赴四川、甘肃、陕西调研灾后恢复重建情况	国务院汶川地震灾后恢复重建工作协调小组副组长、发展改革委副主任穆虹一行赴四川、甘肃、陕西调研灾后恢复重建情况

续表

序号	日期	时间	组别	主题	主要内容
83	8月30日		灾后恢复重建工作协调小组	在北京召开第五次全体会议	研讨汶川地震灾后恢复重建需要解决的重点问题，研究审议汶川地震灾后恢复重建对口支援工作总结表彰有关建议方案。会议对农房重建贷款还款等问题提出指导意见，并要求做好项目竣工验收，办理规范的资产移交与划转手续
84	2011年				
85	2月13~16日		灾后恢复重建工作协调小组	穆虹一行赴甘肃调研灾后恢复重建工作	
86	3月17日		灾后恢复重建工作协调小组	在北京召开第六次全体会议	对灾区地质灾害防治、用地政策、教育卫生领域人才支持、加大灾区扶贫力度等问题提出落实意见
87	12月9日		灾后恢复重建工作协调小组	在北京召开第七次全体会议	审议并原则通过《汶川地震灾后恢复重建工作总结》，研究协调灾后恢复重建有关问题。会议明确，协调小组已完成国务院赋予的工作任务，在报请国务院同意后，做好汶川地震灾后恢复重建项目收尾工作，促进汶川地震灾区发展振兴。12月31日，国务院同意撤销汶川地震灾后恢复重建工作协调小组及其办公室
88	8月22日		国家汶川地震抗震救灾捐款使用指导协调小组	在北京召开会议，就建立救灾捐款使用指导协调机制进行研究，形成捐款使用指导意见（草案）	
89	9月1日		国家汶川地震抗震救灾捐款使用指导协调小组	召开第一次会议，审议并原则通过《汶川地震救灾捐款使用有关问题的指导意见》	

续表

序号	日期	时间	组别	主题	主要内容
90	2008 年 5 月 13 日	晚上	紧急采购工作领导小组	召开第一次会议	决定将年初安排的 2008 年中央级救灾储备物资采购资金 3 亿元，全部用于采购灾区群众急需的帐篷等生活物资
91	5 月 28 日		资金物资监督检查领导小组	成立资金物资监督检查领导小组	加强抗震救灾资金物资监管要重点抓好 7 项工作
92	5 月 31 日		资金物资监督检查领导小组	在成都召开现场会	要求各级审计机关全力以赴抓好对抗震救灾款物全方位、全过程的跟踪审计，促进救灾物筹集合法有序、救灾款物管理安全有效，救灾款分配公平公正、救灾款使用合规合理
93	6 月 6 日		资金物资监督检查领导小组	在北京召开第二次会议	会议要求各部门进一步加强监督检查工作力度，突出监督检查重点，及时发现和纠正存在问题各成员单位各司其职，加强沟通协调
94	7 月 30 日		资金物资监督检查领导小组	在北京召开第三次会议	会议强调，领导小组成员单位进一步健全抗震救灾资金物资监督检查工作体系，明确分工，把责任落实到具体部门、单位和个人。会议要求，严格执行已经出台的规章制度，突出检查重点
95	9 月 4 日		资金物资监督检查领导小组	在北京召开扩大会议	会议要求监管工作不留死角，不留盲区，有针对性地制定并认真落实有关规章制度，突出重点，深入开展专项检查，把公开透明贯穿于抗震救灾资金物资管理使用的全过程，严肃查处违纪违法行为，切实搞好宣传舆论工作
96	10 月 20 日		资金物资监督检查领导小组	在北京召开第四次会议	会议要求，灾后恢复重建阶段监督检查工作必须以重大建设项目为重点，对工程招标投标、大额资金拨付和大宗物资采购等进行全程跟踪监督。发挥城乡社区在恢复重建资金和物资监督检查中的作用

续表

序号	日期	时间	组别	主题	主要内容
97	11月11日		资金物资监督检查领导小组	在北京召开捐赠资金物资监管督察座谈会	要求抗震救灾资金物资监管督察要注意统筹兼顾，处理好长期性与阶段性、应急性与规范性、纪律性与建设性3个关系
98	2009年5月3~4日		中央纪委、监察部、资金物资监督检查领导小组	在成都召开抗灾救灾和灾后重建监督检查工作总结会，贺国强出席会议并讲话	
99	2011年9月25日		资金物资监督检查领导小组，中纪委、四川省纪委	"廉洁救灾·阳光重建"——汶川地震抗震救灾和灾后重建监督检查图片展全国巡展启动仪式在北京举行	

第4章 对策建议

本书第2章分析了国外地震应急指挥协调机构的组成和机制建设运行，分析了运作模式、优势与不足；第3章分析了大震巨灾应急响应案例，梳理了国务院抗震救灾指挥机构应对大震巨灾的响应情况、东日本大地震应急响应情况，提出了在应急响应、指挥协调、信息共享方面存在的一些问题；本章针对上述问题，提出了一些对策建议。

4.1 应急响应

4.1.1 细化大震巨灾标准与响应级别

《国家地震应急预案》将地震灾害分为特别重大、重大、较大、一般四级。其中特别重大地震灾害是指造成300人以上死亡（含失踪）的地震灾害，或直接经济损失占地震发生地省（区、市）上年国内生产总值1%以上。

预案中死亡人数的范围只规定了下限，而没有再进行细分，300人死亡和汶川、玉树地震的数万人、数千人死亡所代表的地震破坏程度显然不是一个概念，其对应的应急响应工作显然也是不同的，汶川地震的抗震救灾行动就超越了玉树地震的相应行动规模。

建议对特别重大地震灾害应对进行细分，对于造成不同量级人员伤亡的地震灾害，按照响应区域进行划分，如表4-1所示，并可在预案基础上细化或制定实施细则，提高特别重大地震灾害响应措施的量化程度、可操作程度。

表4-1 一级响应中不同量级死亡人数响应区域

序号	死亡人数	响应区域
1	300~2000	国家支援，按需调度邻省
2	2000~10000	国家支援，按需调度所在区域各省
3	10000~100000	国家支援，按需调度邻近区域各省
4	超过100000	国家支援，全国动员

4.1.2 细化国务院抗震救灾指挥部启动任务

《国家地震应急预案》规定，应对特别重大地震灾害，启动一级响应，灾区所在地省级抗震救灾指挥部领导灾区地震应急工作，国家抗震救灾指挥机构负责统一领导、指挥和协调全国抗震救灾工作。

同细化大震巨灾标准和响应类别类似，同属一级应急响应，但对于死亡人数不在一个数量级的一级响应，国务院抗震救灾指挥部在调度所需要的资源、涉及的地区时，也存在巨大差别，如上述表4-1所示。

因此，建议与细分特别重大地震灾害类似，根据所需要的协调的资源、涉及的区域差异，对类似汶川地震这种影响数省范围的重大地震灾害，与玉树地震、芦山地震影响单一省份、单一省份及邻近省份区域的重大地震灾害，对国务院抗震救灾指挥部应急响应时，应启动的任务、设置的内部工作组（表4-2）、不同工作组的协调对象及涉及范围进行区分，制定不同死亡人数时差异化的指挥部应急启动预案。

表4-2　一级响应不同死亡人数量级时启动工作组建议

序号	响应区域	启动工作组	
		灾区能力强	灾区能力弱
1	国家支援，按需调度邻省	综合协调组、监测评估组	综合协调组、抢险救援组、监测评估组
2	国家支援，按需调度所在区域各省	综合协调组、抢险救援组、监测评估组	除涉外涉港澳台事务组
3	国家支援，按需调度邻近区域各省	综合协调组、军队工作组、抢险救援组、监测评估组、生活物资组	除涉外涉港澳台事务组
4	国家支援，全国动员	全部	全部

4.1.3　明晰应急响应各阶段协调重点

我国在地震应对过程中一般划分为应急准备、应急启动、紧急救援、过渡安置、恢复重建五个阶段，震后应急响应一般包括应急启动、紧急救援、过渡安置、恢复重建四个阶段，对于不同级别的地震灾害，震后应急响应的每个阶段持续的时间长短不一，且尚未有明确的、统一的规定[46,47]，建议按不同的应急响应级别制定各阶段的划分依据、时间范围、各阶段职责、指挥协调的主要内容，以有利于应急响应阶段的衔接过渡以及指挥部协调工作的开展。

如将应急启动阶段定义为地震发生至外部专业救援力量抵达灾区开展救援行动的时间阶段，为地震发生至震后4~8小时，主要取决于外部专业救援力量抵达灾区的时间。汶川地震中四川省地震专业救援队在12日19时00分抵达都江堰，为震后4.5小时；玉树地震中四川省石渠县地震救援队在14日16时50分抵达玉树，为震后9小时；芦山地震中武警水电第三总队第一批救援部队300余名官兵在20日13时15分到达芦山县宝盛乡，为震后5小时。

外部专业救援力量抵达灾区后，即转入应急工作的第二阶段，紧急救援阶段，该阶段的主要工作是人员的搜救和医疗救护。一般认为紧急救援阶段为震后 10 天，但在紧急救援阶段后，仍可派遣部分力量持续进行搜救工作。汶川地震中，5 月 23 日国务院抗震救灾总指挥部成立灾后重建规划组，为震后 11 天；10 月 14 日国务院研究部署灾后重建任务，为震后 5 个月。玉树地震中，4 月 19 日国务院抗震救灾总指挥部成立灾后恢复重建组，20 日 19 时 30 分省指挥部宣布启动灾后重建工作，21 日 19 时 30 分宣布全面转入灾后重建阶段，为震后 7 天。芦山地震中，4 月 28 日四川省委常委扩大会议决定由抢险救援阶段转入过渡安置阶段，同时着手启动灾后恢复重建规划工作，为震后 8 天；5 月 6 日雅安市人民政府召开第九次新闻发布会宣布灾区转入过渡安置时期，为震后 16 天。

过渡安置一般从地震后就开始展开，是保障紧急救援阶段向恢复重建阶段平稳过渡的重要环节，也是恢复重建的基础性工作。对于大震巨灾，过渡安置期会长达数月，可视为 3~6 个月。任务是保证灾区人民的基本生活需要，即"有饭吃、有水喝、有衣穿、有临时住所、有学上和有病能及时得到医治"。

大震巨灾恢复重建需要大量的资源，需要进行区域、全国力量的调度、支援，汶川、玉树地震的恢复重建都花费了 3 年时间，因此大震巨灾的恢复重建阶段可视为 2~3 年，以恢复、改善灾区人民的正常生活。

结合汶川、玉树、芦山地震，对大震巨灾应急响应各阶段的时间、职责、进行了分析，如表 4 - 3 所示。对应急启动、紧急救援、过渡安置、恢复重建四个阶段中，国务院抗震救灾总指挥部综合协调组需要关注的信息进行了梳理，形成了不同阶段协调的重点内容，如图 4 - 1 所示。

表 4 - 3　大震巨灾应急各阶段时间、职责

序号	项目	应急启动	紧急救援	过渡安置	恢复重建
1	时间	震后 4~8 小时	启动阶段结束至震后 7~15 天	震后开始，持续数天，数月或更长	震后数天或数月开始，持续数年
2	职责	大范围评估，初步决策	人员搜救、医疗救护	保证灾区人民的基本生活需要	恢复、改善灾区人民的正常生活
3	汶川地震时间阶段划分	5 月 12 日 19 时，四川省地震救援队抵达都江堰；震后 4.5 小时	5 月 27 日，国务院抗震救灾总指挥部会议指出抗震救灾已进入新阶段，要把安置受灾群众、恢复生产和灾后重建摆在更突出位置；震后 15 天	10 月 14 日，总结四川汶川特大地震抗震救灾工作，研究部署灾后重建任务	2008 年 6 月 8 日，《汶川地震灾后恢复重建条例》公布 2011 年 5 月 6 日，汶川地震灾后恢复重建主题展览在北京开幕；震后 3 年

续表

序号	项目	应急启动	紧急救援	过渡安置	恢复重建
4	玉树地震时间阶段划分	4月14日16时50分，四川省石渠县地震救援队抵达玉树；震后9小时	5月23日，国务院抗震救灾总指挥部会议指出当前抗震救灾工作进入新的阶段，要把进一步安置好受灾群众、全面恢复正常秩序、开展灾后重建摆在突出位置；震后9天	21日19时30分全面转入灾后重建阶段	2010年5月20日，省抗震救灾指挥部会议强调启动恢复重建工作 2013年11月3日，玉树各族群众庆祝灾后重建竣工大会举行；震后3.5年
5	芦山地震时间阶段划分	4月20日13时15分，武警水电第三总队第一批救援部队到达芦山县宝盛乡；震后5小时	4月28日，省委常委扩大会议决定，芦山强烈地震抗震救灾工作由抢险救援阶段转入过渡安置阶段，同时着手启动灾后恢复重建规划工作；震后8天	5月7日晚，四川省抗震救灾指挥部第九次会议，研究部署过渡安置和恢复重建阶段各项工作	2016年12月16日，雅安市灾后恢复重建收官工作专题会议召开；震后3.5年

4.1.4　构建区域应急响应体系

我国存在经济发展、地震发生的不平衡性，西部山区地震频繁，但经济发展水平低于东部地区，防灾减灾能力较为薄弱；此外，还存在台湾地震多发区。建议按照国家形成、规划的经济圈、经济带，构建区域应急响应体系，在国家引导下构建区域内部协同机制，发生强震后可迅速进行先期应急响应。

区域协同指挥：

以国家地震应急预案为参照，制定区域地震应急预案。区域内发生特别重大地震灾害后，按照"属地为主"的原则，由震中地省领导为区域总指挥，其他区域省领导、军区领导副总指挥，建立区域指挥机构；由震中地应急管理部门具体辅助指挥部协调工作，在先期进行区域内资源协调。在国务院抗震救灾指挥部设立、抵达后，区域指挥部可转换为省级指挥部，两者之间职能相同的工作组进行对接。

区域内实现信息共享、资源共享、及时会商协同。支援震中地的区域队伍，接受属地指挥部统一领导；国务院抗震救灾指挥部协调的区域外救援力量，在抵达震中地后，与区域内队伍一起接受属地指挥部统一领导，协调开展救援工作。

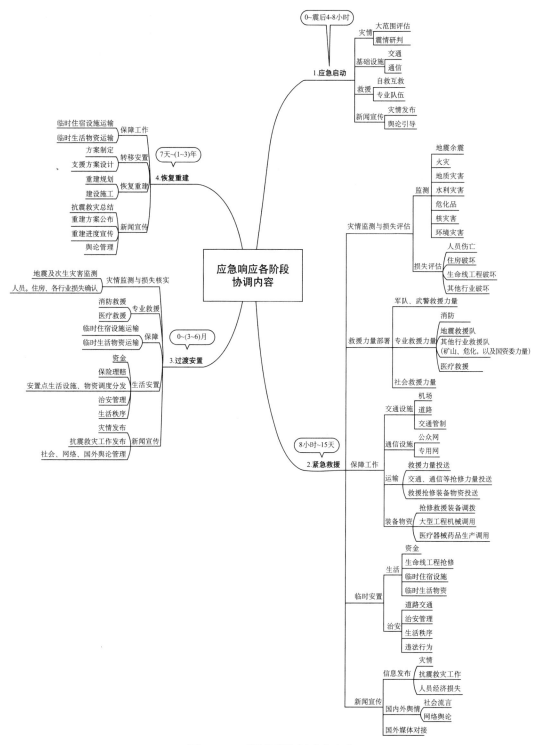

图4-1 不同阶段协调重点内容

基于新时期国家发展，可研究建立首都圈、西南片区、西北片区、东部经济圈等区域协调指挥体系，主旨满足表4-1前两种情况下一级响应协调，如玉树地震；对于类似汶川地震的表4-1最后一种大范围灾害，则应在区域协同的同时，由国务院抗震救灾指挥部迅速动员、协调全国力量，支援灾区工作。

4.2 信息共享

4.2.1 建立国内灾害协调系统，构建横向协调、纵向通达的信息渠道

联合国全球灾害预警与协调系统GDACS涵盖不同灾种应急的不同阶段，从准备阶段的机构、制度、管理、会议、队伍等，到灾后启动救援的灾情信息获取共享、队伍支援，紧急救援行动中的队伍协调，以及队伍的有序撤离及行动记录。

建议借鉴联合国灾害预警协调系统GDACS，建立符合我国新时期需求的国内灾害应急协调平台系统，系统架构涵盖模块如图4-2所示，满足以下任务需求：

（1）纳入地震应急部门人员、相关专家、灾情信息员，定期进行协商、交流，举办不同级别、层次、类型的演练，提高各级各类人员能力；

（2）统计各类救援队伍基本信息，提供不同等级、不同专题的培训，培养应急救援力量，进行等级测评，提高应急救援能力；

（3）灾害发生后作为各级指挥机构信息共享平台，对接其他应急系统平台，如国家及社会物资储备系统、各行业及社会救援力量管理系统，使灾情信息在各级指挥机构、成员单位、救援力量间快速流通，实现灾情、救援资源的位置可视化协调。

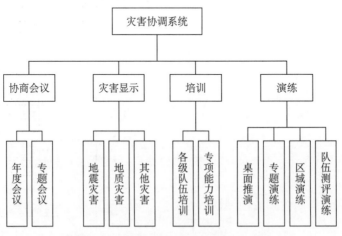

图4-2 国内灾害协调系统架构示意图

4.2.2 构建大震巨灾后应急信息标准体系

大震巨灾度过黑箱期阶段后,各种灾情信息纷至沓来,消息来源各不相同,往往存在重复上报、多次上报,上面千根线基层一根针,既给基层政府增加了应急期的工作,也难以保证信息的一致性,因此构建震后应急信息标准体系十分必要。

(1)灾后信息类别制定、划分。以应急响应阶段为时间轴,收集、整理不同时间阶段需要的灾情信息,参照一定的原则进行分类。

(2)分析不同应急阶段各类信息紧迫性程度。对照不同应急响应阶段的任务,分析上述灾情信息的紧迫性要求,在灾后应首先满足紧迫性高的信息的获取、传输、共享。

(3)分析信息在获取、传输、共享过程中涉及的各种节点组织,提炼、规定灾后各种信息的提供方、中转方、目的方,提出信息可行的获取、传输、共享方式。

建议构建震后应急信息标准体系,形成灾后信息需求的标准模板,理清各级各类组织在灾情信息获取、传输过程的权责关系,有利于灾情信息的快速获取与传递,为灾后指挥协调提供及时的信息参考。

4.2.3 大震巨灾下新媒体共享信息的效力认定

随着技术的发展,大震巨灾后通信恢复的速度有了很大提高,灾情信息借助新媒体手段如微信群在各级指挥部、成员之间进行传输、共享,相比公函、便函等纸质文档具有更高的时效性。在近期地震应急响应中,指挥部成员单位之间的信息交流高效利用了微信群进行信息汇总,但后续还需要各成员单位向指挥部提供正式文件以备存档。对于基层政府,大震巨灾后造成人员、设施破坏,其各项功能会完全或部分丧失,大量信息的上报无法按照日常正式流程、要求实现,甚至因为办公设施损毁无法用章。

建议充分利用新媒体手段和电子化、网络化办公的趋势,对于通过各级指挥部、成员单位之间的信息流通,借助国内灾害协调系统进行;认可目前指挥部成员单位使用微信群等手段传输信息的效力,并借助电子公章予以确认。有利于减少应急响应期间各单位的工作量,提高信息共享的时效性。

4.3 综合协调

4.3.1 建设应急救援资源库

作为大震巨灾后综合协调的基础性工作,建议建设应急救援资源库并与国内灾害协调系统建立衔接,形成可视化综合协调系统,在灾后对救援力量、资源的分布进行实时/定期更新显示,对灾后救援力量、资源的整体部署、调度具有较好的辅助效果。

应急救援资源库主要内容涵盖队伍、装备、物资、投送四个方面,如图 4 - 3 所示。救援队伍方面,统计消防主体队伍,地震专业队伍,其他行业队伍如矿山、危化、国资委下属企业救援队伍等,社会救援力量的规模、能力特长、位置、联系方式等基础信息。在装备方面,除统计上述救援队伍配备的装备外,还应统计各区域内大型工程机械装备、特殊类型装备的情况，以便灾后调用；对于大型工程机械装备、特殊装备的生产制造企业，也应记录其生产储备等基本能力，在需要时启动灾后快速生产。在物资方面，除国家四级储备库物资外，应考虑涉及灾后物资需求的国有、民营企业的周转库存，以及企业的生产能力。在灾后救援队伍、物资的投送能力方面，要以国家投送为主体、社会民营物流为重要补充的双方面支撑。

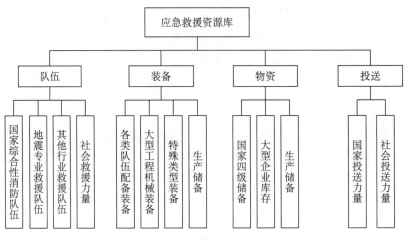

图4-3　应急救援资源库主要内容设计

4.3.2　构建灾后应急资源需求时空模型

研究大震巨灾后应急启动、紧急救援、过渡安置、恢复重建不同阶段关键应急资源时空需求，建议构建应急资源需求时空模型，按应急响应时刻表展现不同阶段、不同时刻的资源需求，以利于震后在指挥部成员单位之间进行相关资源需求调度，借助指挥部成员单位以及社会力量的储备、生产、投送能力，及时、高效地将所需应急资源投送到指定位置。

国内灾害协调系统在灾后可作为各级指挥机构信息共享平台，显示灾情信息、已有救援力量情况；当需要协调部署相应资源时，对接应急救援资源库，借助应急资源需求时空模型，实时显示指挥部成员单位调配应急资源情况，辅助指挥部进行后续决策。

4.3.3　推进协调制度建设

国务院抗震救灾指挥部已印发《国务院抗震救灾指挥部联络员会议制度》《国务院抗震救灾指挥部成员单位间信息通报制度》《国务院抗震救灾指挥部地震应急准备检查制度》，建立了指挥部成员单位间的沟通联络、信息通传体系，建议在以下方面进行研究，制定、推行相关制度措施，供全国范围内各级指挥部参照实施：

（1）制定指挥部各工作组内、外定期联络制度，各组内成员单位构建信息交互机制，形成组内灾后应急响应预案；

（2）制定指挥部各工作组之间的信息链路，借鉴联合国现场协调中心理念，综合协调组与各工作组进行对接，减少直接联系的成员单位数量，减轻综合协调组负担；

（3）研究指挥部对外部社会力量的动员、协调制度，使社会力量成为灾后协调的有益补充。

4.4 指挥机构运作

4.4.1 大震巨灾下指挥部前移设置，形成军地统一指挥体系

汶川地震救援前期，军地指挥不统一；随后军队与地方建立了"四位一体"联合指挥机构，统一指挥。玉树地震中，兰州军区"联合指挥部"和国务院"部委前指"都纳入青海省指挥部，统一指挥。芦山地震中年，抗震救灾实行"省、市、县三级合一，系统对接，统一调度，省指挥、市安排、县落实"的应急指挥体制，按不同职能处理不同层次问题。建议在大震巨灾应急中，采取多种形式实现统一协调，如军地联合设立指挥机构，互派副指挥长，设立专职联络人员等。以灾区现场指挥部为主，建立科学合理的指挥系统，统一指挥，统一部署工作，有效地协调和统一救援工作，提高救援效率。

大震巨灾后，国家抗震救灾指挥机构、国务院抗震救灾指挥部领导会前往灾区一线，靠前指挥，相应地指挥机构也一般设立在灾区所在地省会或附近城市，与灾区所在省级抗震救灾指挥部往往同处一地。在鲁甸地震中军地联合抗震救灾指挥部相关人员赶赴鲁甸，对抗震救灾工作进行协调指挥。建议各级指挥机构前移设置，减少信息、协调等的途中时间，提供救援效率。

4.4.2 统一抗震救灾指挥部内设机构

对比汶川地震、玉树地震、芦山地震指挥体系内设工作组情况，如本书第 3 章中图 3 - 2 至图 3 - 4，图 3 - 10 至图 3 - 12，图 3 - 15 至图 3 - 17，可以得出表 4 - 4 所示工作组设置情况。

表 4 - 4 几次地震抗震救灾指挥部内设工作组情况

序号	名称	汶川地震	玉树地震	芦山地震
1	国务院抗震救灾指挥部	10 个 (1) 抢险救援组 (2) 群众生活组 (3) 地震监测组 (4) 卫生防疫组 (5) 宣传组 (6) 生产恢复组 (7) 社会治安组 (8) 水利组 (9) 基础设施保障和灾后重建组 (10) 灾害重建规划组	10 个 (1) 抢险救灾组 (2) 群众生活组 (3) 卫生防疫组 (4) 基础设施保障和生产组 (5) 地震监测组 (6) 社会治安组 (7) 宣传组 (8) 综合组 (9) 恢复重建组 (10) 一线联络组	前方指挥部

续表

序号	名称	汶川地震	玉树地震	芦山地震
2	省级抗震救灾指挥部	12 个（四川省） （1）救灾物资组 （2）灾区群众住房安置组 （3）医疗保障组 （4）宣传报道组 （5）灾后工业企业恢复生产规划组 （6）水利监控组 （7）灾后恢复重建规划组 （8）港澳台及国际救援协调组 （9）内外对口支援工作协调小组 （10）交通保障组 （11）通信保障组 （12）救灾资金物资监督检查组	10 个 （1）抢险救灾组 （2）群众生活组 （3）地震监测组 （4）卫生防疫组 （5）宣传组 （6）社会治安组 （7）基础设施保障 （8）综合组 （9）组织纪检组 （10）审计组	6 个 （1）省总值班室 （2）医疗保障组 （3）交通保障组 （4）通信保障组 （5）救灾物资组 （6）宣传报道组
3	市级抗震救灾指挥部	14 个（阿坝州） （1）人员抢救组 （2）交通运输保障及工程抢险组 （3）通信保障组 （4）物资供应保障组 （5）社会治安保障组 （6）灾民救济及安置组 （7）消防保障组 （8）震情跟踪监测组 （9）灾区调查及损失评估组 （10）应急工作资金保障组 （11）次生灾害防御组 （12）对外呼吁与接收外援组 （13）宣传报道组 （14）社会动员保障组	7 个 （1）搜救组 （2）应急抢险组 （3）灾民安置组 （4）医疗救治组 （5）宣传组 （6）社会治安组 （7）联络组	15 个 （1）综合协调组 （2）救灾抢险组 （3）医疗保障组 （4）震情监视组 （5）交通保障组 （6）通信电力燃油组 （7）救灾物资组 （8）信访维稳安保组 （9）水利监控组 （10）灾民安置组 （11）灾情统计组 （12）宣传报道组 （13）安全评价组 （14）灾害评估组 （15）资金保障组
4	县级抗震救灾指挥部	8~14 个（茂县） 8 个（汶川县）		13 个（芦山县） 7 个（宝兴县） 15 个（天全县） 9 个（雨城区） 9 个（汉源县）

对于国务院抗震救灾指挥部内设工作组，汶川地震、玉树地震在起初为 8 个，后增加为 10 个；芦山地震响应级别由一级改为二级，设置的前指负责协调、调度，满足需求。在汶川、玉树地震中，虽然内设工作组数量一致，但工作组的名称并不完全一致，且部分职责相同的工作组名称也不一致。

从同一地震从国家到市县的四级指挥体系看，汶川地震中国家、省、市县指挥部工作组数量各不相同，职责相同、相近的工作组名称也不完全相同；特别茂县指挥部内设工作组变化频繁，在工作组数量变化的同时，同一职责工作组的名称也多次更换。对比汶川地震，玉树地震中国家、省级指挥部前期工作组保持一致，在后期由于任务不同，增设工作组未保持一致；玉树州指挥部工作组未完全覆盖国家、省指挥部职责功能，工作组名称与国家、省级指挥部也有差异。可见，在地震应对中，各级指挥机构对于内设工作组的职责未清晰界定、划分，所以在震后工作组设置上因震而异、因地而异，造成在纵向不能一致，上下级之间组别设置不能对应，易造成信息、沟通协同方面的障碍。

从不同地震的横向层次对比，四级指挥机构的工作组数量、名称也未能保持一致，体现出不同层级的指挥机构对于震后指挥协调的职责也未能完全统一。对省级抗震救灾指挥部内设工作组，汶川地震中四川省为 12 个，玉树地震中青海玉树现场指挥部为 10 个，芦山地震为 6 个；并且同样为四川省抗震救灾指挥部，芦山地震中省市县合一设置，具体任务又市级负责，使得汶川地震、芦山地震中省级指挥部内设工作组数量、名称也存在较大差别，表明指挥部在设立工作组时随意性较大，未有认可度较高的统一规则。

建议细化新时期国务院抗震救灾指挥部设置的各工作组岗位设置及任务；并以此为基础规定各级抗震救灾指挥部的职责，内设工作组的划分及名称，并逐步制定工作组岗位设置及任务，从而在大震巨灾应对时可以上下呼应、横向联通，提高信息流通、协调沟通速度。

建议在抢险救援组加大国资委的作用，国资委下辖众多中央企业，代表国家管理诸多涉及国计民生的重要资源。大多数在全国建有分支机构，许多企业建有自有的救援队伍，在应对震后特殊次生灾害方面有着巨大的优势；有些企业配有大量的大型工程机械，在震后生命线工程保障、恢复方面可以就近支援，从而在震后抢险救援工作中发挥重要作用。

4.4.3　加强巨灾信息工作，增设信息组或建立信息中心

巨灾信息收集往往需要多个部门协同进行，如民政部门、军队、消防部门、气象部门等。信息来源多源化有可能影响信息准确性，各个部门提供的信息都需要进行比对工作，以减少矛盾和误差；每个部门都有自己的信息获取和上报渠道，使得大量信息在同一时间在不同方向流动，容易导致信息混乱，对应急救援决策产生负面影响。此外，信息资源在政府不同部门之间的共享尚未完全实现，导致灾情信息的缺陷、遗失。

建议在指挥部内部增设信息组，其职责包括平时灾害风险信息管理、信息分类、信息获取传递及分享制度、预案的制定，新技术、新方法应用研究；大震巨灾后按预案启动，汇总、分析来自不同级别指挥机构、不同成员的信息，供指挥协调组、新闻宣传组及其他各组进行决策。

或在国务院抗震救灾指挥部综合协调组设立联合信息中心，其他工作组内部以及省市县各级指挥部设置专职信息员岗位，与综合协调组信息中心进行专人对接。实现灾害各项信

息、指令在各级指挥部、各成员单位之间的纵向、横向共享。

4.5　小结

本章在资料收集整理、案例分析的基础上，从应急响应、信息共享、综合协调、指挥机构运作四个方面提出了建议，涉及标准体系研究、系统建设、机构设立、理论研究等方面，以期为地震灾害应急救援工作提供参考，为指挥部大震应急响应提供决策建议。

附录 A

缩　略　语

缩略语	英文	中文
INSARAG	International Search and Rescue Advisory Group	国际搜索与救援咨询团
USAR	Urban Search and Rescue	城市搜索与救援
GDACS	Global Disaster Alert and Coordination System	全球灾害预警协调系统
OSOCC	On-Site Operations Coordination Centre	现场行动协调中心
RDC	Reception Departure Centre	接待撤离中心
UCC	USAR Coordination Cell	USAR 协调中心
FEMA	Federal Emergency Management Agency	联邦应急管理署
NIMS	National Incident Management System	国家突发事件管理系统
ICS	Incident Command System	事故指挥系统
EOC	Emergency Operations Centers	应急行动中心
UNDAC	United Nations Disaster Assessment and Coordination teams	联合国灾害评估与协调队
OCHA	United Nations Office for the Coordination of Humanitarian Affairs	联合国人道主义事务协调办公室
LEMA	Local Emergency Management Authority	地方应急事务管理机构
VO	Virtual OSOCC	虚拟现场行动协调中心
FCSS	Field Coordination Support Section	现场协调支持部
SMCS	Satellite Map and Coordination System	卫星地图与协调系统
UNOSAT	UNITED NATIONS Satellite Center	联合国卫星应用中心
SRA	Security Risk Assessment	安全风险评估
EMTCC	Emergency Medical Team Coordination Cell	紧急医疗队伍协调中心
EMTs	Emergency Medical Teams	紧急医疗队伍
SCC	Sector Coordination Cell	区域协调员
MACS	Multiagency Coordination Groups	多机构协调系统
NWCG	National Wildfire Coordinating Group	国家野火协调小组
JIS	Joint Information System	联合信息系统
DHS	Department of Homeland Security	国土安全部

续表

缩略语	英文	中文
NGO	Nongovernmental Organizations	非政府组织
PIO	Public Information Officer	信息员
ICP	Incident Command Post	单一指挥所
IAP	Incident Action Plan	综合行动计划
JIC	Joint Information Center	联合信息中心
NPF	National Planning Framework	国家减灾规划框架
ESF	Emergency Support Function	紧急支援职能
NRF	National Response Framework	国家响应框架
BEOC	Business Emergency Operations Centers	商业应急行动中心
JFO	Joint Field Office	联合外地办事处
UCG	Unified Coordination Group	统一协调小组

附录 B

图书图表目录

参 考 文 献

[1] 中华人民共和国突发事件应对法 [Z]，2007 年 11 月 1 日颁布实施

[2] 中华人民共和国突发事件应对管理法（草案）[EB/OL]，https：//m. thepaper. cn/baijiahao_ 16036778. 2022-2-20

[3] 国家地震应急预案 [EB/OL]，http：//www. gov. cn/zhuanti/2006-01/12/content_ 2615957. htm, 2022-02-20

[4] GB/T 24889—2010，地震现场应急指挥管理信息系统 [S]

[5] 陈山枝、郑林会、毛旭等，应急通信指挥——技术、系统与应用 [M]，北京：电子工业出版社，2013

[6] 方文林，应急指挥与处置 [M]，北京：中国石化出版社，2018

[7] 闪淳昌、薛澜，应急管理概论：理论与实践（第二版）[M]，北京：高等教育出版社，2020

[8] 陈兆海、雷斌、王立等，应急通信系统 [M]，北京：电子工业出版社，2012

[9] 中国地震台网历史查询 [EB/OL]，http：//www. ceic. ac. cn/history，2022-02-20

[10] 王海鹰、孙刚、欧阳春、刘晶晶，地震应急期关键时间阶段划分研究 [J]，灾害学，2013，28（03）：166~169+197

[11] 联合国人道主义事务协调办公室现场协调支持部门，中国地震局震灾应急救援司，译，INSARAG 国际搜索与救援指南 [M]，北京：科学出版社，2017

[12] United Nations Office for the Coordination of Humanitarians Affairs（OCHA），INSARAG GUIDELINES 2020 [EB/OL]，2020/2022. 02，https：//www. insarag. org/methodology/insarag-guidelines/

[13] GDACS —Global Disaster Alert and Coordination System [EB/OL]，https：//www. gdacs. org/

[14] OCHA Emergency Response Support Branch（ERSB），On-Site Operations Coordination Centre（OSOCC）Guidelines 2018 [EB/OL]，2018. 07/2022. 02，https：//www. insarag. org/wpcontent/uploads/2020/04/OSOCC_ Guidelines_ 2018_ English_ 2. pdf

[15] Virtual OSOCC（unocha. org）[EB/OL]，https：//vosocc. unocha. org/

[16] United Nations Office for the Coordination of Humanitarians Affairs（OCHA），Virtual OSOCC Handbook and guidance（12 Edition）[EB/OL]，2014. 12/2022. 02，https：//vosocc. unocha. org/GetFile. aspx？file =att36103_ h4t800. pdf

[17] United Nations Office for the Coordination of Humanitarians Affairs（OCHA），UNDAC Field Handbook（7 Edition）[EB/OL]，2018/2022. 02，https：//www. insarag. org/wp-content/uploads/2021/06/1823826E _ web_ pages. pdf

[18] Federal Emergency Management Agency（FEMA），National Incident Management System（3 Edition）[EB/OL]，2017. 10. 10/2022. 02，https：//www. fema. gov/sites/default/files/2020-07/fema_ nims_ doctrine -2017. pdf

[19] 宋劲松、邓云峰，中美德突发事件应急指挥组织结构初探 [J]，中国行政管理，2011，（01）：74~77

[20] Federal Emergency Management Agency（FEMA），NIMS Basic Guidance for Public Information Officers [EB/OL]，2020. 12/2022. 02，https：//www. fema. gov/sites/default/files/documents/fema_ nims-basic-guidance-public-information-officers_ 12-2020. pdf

[21] Federal Emergency Management Agency（FEMA），National Prevention Framework（2 Edition）[EB/OL]，

2016. 06/2022. 02，https：//www. fema. gov/sites/default/files/2020－04/National＿Prevention＿Frame-work2nd-june2016. pdf

［22］ Federal Emergency Management Agency（FEMA），National Response Framework（4 Edition）［EB/OL］，2019. 10. 28/2022. 02，https：//www. fema. gov/sites/default/files/2020－04/NRF＿FINALApproved＿2011028. pdf

［23］ 洪凯，应急管理体制跨国比较［M］，广东：暨南大学出版社，2012

［24］ 周兴波、张妍、朱哲、杨子儒，国外应急管理体系对比研究及其启示［J］，水力发电，2021，47（09）：112~117+131

［25］ 陈鹏、李航、金鑫，中、美、日防灾减灾法律体系对比研究［J］，风险灾害危机研究，2020，（02）：69~86

［26］ 李思琪，俄罗斯国家应急管理体制及其启示［J］，俄罗斯东欧中亚研究，2021，（01）：49~64+156

［27］ Barabash Anna（安娜），中俄应急管理体系的比较及其影响因素研究［D］，大连理工大学，2013

［28］ 黄杨森、王义保，发达国家应急管理体系和能力建设：模式、特征与有益经验［J］，宁夏社会科学，2020，（02）：90~96

［29］ 申文庄、侯建盛、张勤，汶川特大地震现场应急工作［M］，河北：河北人民出版社，2016

［30］《汶川特大地震抗震救灾志》编纂委员会，汶川特大地震抗震救灾志（卷二·大事记）［M］，北京：方志出版社，2015

［31］《汶川特大地震抗震救灾志》编纂委员会，汶川特大地震抗震救灾志（卷五·应急救援志）［M］，北京：方志出版社，2015

［32］《汶川特大地震四川抗震救灾志》编纂委员会，汶川特大地震四川抗震救灾志（总述·大事记）［M］，四川：四川人民出版社，2018

［33］ 陕西省地方志编纂委员会，汶川特大地震陕西抗震救灾志：大事记［M］，陕西：三秦出版社，2012

［34］ 陕西省地方志编纂委员会，汶川特大地震陕西抗震救灾志：抢险救援篇［M］，陕西：三秦出版社，2012

［35］ 宋劲松、邓云峰，我国大地震等巨灾应急组织指挥体系建设研究［J］，宏观经济研究，2011，（05）：8~18

［36］《玉树州"4·14"强烈地震抗震救灾志》编纂委员会，玉树州"4·14"强烈地震抗震救灾志［M］，北京：中国文史出版社，2020

［37］《芦山强烈地震雅安抗震救灾志》编纂委员会，芦山强烈地震雅安抗震救灾志（总述）：大事记［M］，北京：中国文史出版社，2021

［38］《芦山强烈地震雅安抗震救灾志》编纂委员会，芦山强烈地震雅安抗震救灾志：抢险救援［M］，北京：中国文史出版社，2021

［39］《芦山强烈地震天全抗震救灾志》编纂委员会，芦山强烈地震天全抗震救灾志［M］，北京：方志出版社，2019

［40］ 李雪峰、曾小波、董晓松，"4·20"芦山强烈地震应对案例研究——对各级政府应急响应的描述、分析与反思［M］，北京：社会科学文献出版社，2015

［41］ 日本内阁府，防灾白皮书（2011 年）［EB/OL］，2011/2022. 02，http：//www. bousai. go. jp/kaigirep/hakusho/pdf/h22hakusyo. pdf

［42］ 日本内阁府，防灾白皮书（2012 年）［EB/OL］，2012/2022. 02，http：//www. bousai. go. jp/kaigirep/hakusho/pdf/H23＿zenbun. pdf

［43］ 田中重好、朱英双，借鉴东日本大地震的经验教训实现防灾体系的调整［J］，世界地震译丛，2017，48（03）：257~269

［44］王德迅，日本灾害管理体制改革研究——以"3·11东日本大地震"为视角［J］，南开学报（哲学社会科学版），2016，（06）：86~92

［45］竹中平藏、船桥洋一，林光江等，译，日本"3·11"大地震的启示——复合型灾害与危机管理［M］．北京：新华出版社，2012

［46］蔡俊，我国应对破坏性地震的震后应急响应研究［D］，上海交通大学，2011

［47］许建华、邓铎，国内特别重大地震灾害救援情况对比分析研究［J］，城市与减灾，2019，（02）：55~61